KB193903

웃기는 수학자
이광연의
수학
블로그

수학의 알레르기가 사라지는 달콤한 수학이야기

웃기는 수학자

이광연의 수학 블로그

이광연 지음

살림Friends

머리말

“수학으로 상상하고 느껴라”

어린 시절 내가 살던 곳에는 사슴벌레, 장수풍뎅이 등 여러 가지 곤충들이 지천으로 깔려 있었다. 나는 곤충들을 장난감처럼 가지고 놀았다. 그때를 떠올리며 얼마 전부터 아이들과 함께 집에서 장수풍뎅이를 길렀다. 장수풍뎅이는 금세 여러 개의 알을 깠다. 아이들과 나는 알을 투명한 곤충채집통 두 개에 나누어 넣고 길렀는데, 얼마 지나지 않아서 어떤 놈은 1령 애벌레가 되었고, 빠른 놈은 2령 애벌레가 되었다. 그리고 느린 놈은 늦게까지 알로 남아 있었다. 나는 애벌레들을 보며 이런 생각을 했다.

‘통 속에 살고 있는 장수풍뎅이와 지구에 살고 있는 인간이 뭐가 다를까?’

곤충도 그들의 세계 속에서 그들의 질서에 따라 열심히 살고 있다. 투명한 곤충 채집통에서 먹고, 자고, 땅을 파고, 자손을 퍼뜨린다. 우리도 지구에서 비슷한 모습으로 살아가고 있다. 그러나 우리는 ‘생각한다’는 점에서 이들과 전혀 다른 존재가 되었다. 곤충은 투명한 통 속에서 바깥세상을 상상하지 않지만, 인간은 지구에서 살면서 우주와 그 너머에 있는 무한에 이르는 우주를 상상한다. 나는 이것을 인간이 가진 ‘사고(思考)의 자유’라고 부르고 싶다.

사람들은 이렇게 묻는다. "수학을 하면 머리가 아프지 않습니까?" 그러나 이것은 수학이 주는 진정한 자유로움을 모르고 하는 말이다. 수학은 우리 조상들이 세대를 거쳐 발전시켜온 최초의 과학적 사유의 산물이며 이를 통해 인류는 문명을 발전시키고 역경을 극복하고 미지의 세계로 나아갈 수 있었다. 그리하여, 인간은 지구에 사는 어떤 생명체보다 자유롭게 되었다.

우리가 원하든 원하지 않든, 느끼든 느끼지 못하든, 수학은 자연, 역사, 생활 속에 생생하게 살아 숨 쉬고 있다. 이것이 바로 우리가 '수학을 공부하는 이유'이다. 이 책은 교과서에서 잠자고 있던 딱딱한 수학이 우리 곁에서 살아 숨 쉬고 있음을 알려주기 위해 쓰였다. 이 책을 읽은 후, 여러분이 현재가 아닌 미래를, 지구가 아닌 우주를 상상할 수 있기를 바란다.

이광연

차례

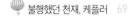

1장
수학으로 풀어보는
'게임의 법칙'

바둑고수와 체스마스터를 이긴 컴퓨터

순열과 게임의 확률

신선놀음에 도낏자루 썩는 줄 모른다

속담은 예로부터 전해 내려오는 선현들의 응축된 지혜라고 할 수 있다. 때문에 속담을 인용하면 친숙하고 부드러우면서도 보다 강력하게 메시지를 전달할 수 있다. 예를 들어 '신선놀음에 도낏자루 썩는 줄 모른다'는 속담은 바둑이나 장기에 정신이 팔려 시간 가는 줄 모른다는 뜻인데, 요즘에는 한가하게 여가를 즐기며 시간을 보내는 사람을 핀잔 줄

인당 이영균의 풍속화 〈일수불퇴〉. 바둑은 오래전부터 우리 조상들의 대표적인 놀이였다.

때 쓰이기도 한다. 이 속담의 유래로 재미있는 이야기가 전해 내려온다.

옛날 한 나무꾼이 나무를 하러 산속에 들어갔다가 우연히 동굴 하나를 발견했다. 동굴 속은 들어가면 들어갈수록 넓고 환해졌다. 한참을 들어가자 눈앞에서 두 백발 노인이 바둑을 두고 있는 게 아닌가.

나무꾼은 손에 들고 있던 도끼를 옆에 세워두고 두 노인이 바둑 두는 것을 구경했다. 그러다 문득 돌아갈 시간이 되었다는 생각에 옆에 세워둔 도끼를 집으려니 도낏자루가 썩어 집을 수가 없었다. 의아하게 생각하며 동굴을 나와 마을로 내려와보니 마을의 모습은 완전히 바뀌어 있었다. 나무꾼은 너무도 이상하여 지나가는 한 노인에게 자기 이름을 말하며 그런 사람을 아느냐고 물었다. 그러자 노인은 "그분은 저의 증조부이십니다"라고 대답하더라는 것이다. 바둑을 구경하던 사이에 근 200년이 흐른 것이다.

무한수열의 조합, 바둑

사실, 바둑의 역사는 기원을 알 수 없을 만큼 오래되었다. 정확한 문헌 기록이 없어 누가 언제 만들었는지는 알 수 없지만 『박물지(博物誌)』에 '요(堯)나라 임금이 바둑을 만들어 아들 단주(丹朱)를 가르쳤다'는 말이 전해지는 바, 아마도 중국 상고 때부터 존재했다고 볼 수 있다.

바둑은 간단히 말하면 바둑판 위에서 벌이는 생존경쟁 게임이다. 정사각형 모양의 바둑판은 가로와 세로가 각각 19줄로 되어 있으며 이들

어린이 바둑대회의 모습. 바둑은 두뇌계발에 도움을 준다.

이 겹치는 점이 361점이다. 흑돌과 백돌로 편을 나누어 361점 위의 적당한 지점에 서로 번갈아 한 번씩 돌을 놓아 진을 치며 싸운 후, 차지한 점(집)이 많고 적음으로 승부를 가린다.

바둑은 그 수가 깊고 오묘하며 어디에 먼저 놓느냐에 따라 전혀 다른 싸움이 전개된다. 또한 선택할 수 있는 가짓수가 너무 많기 때문에 일설에 의하면 바둑이 생긴 이후에 똑같은 판은 지금까지 한 번도 없었다고 한다. 실제로 바둑판에 바둑돌을 놓을 수 있는 가짓수는 모두 361!이다.

그렇다면 361!은 어떻게 계산하는 것일까? 어떤 자연수 n에 대하여, 1부터 n까지의 자연수를 차례로 곱한 것을 n의 계승이라고 하며 기호로 $n!$과 같이 나타내고, 'n 팩토리얼(factorial)'이라고 읽는다. 공식으로 표현하면 다음과 같다.

$$n! = n(n-1)(n-2)\cdots3\cdot2\cdot1$$

$$5! = 5\times4\times3\times2\times1 = 120$$

$$10! = 10\times9\times8\times7\times6\times5\times4\times3\times2\times1 = 3{,}628{,}800$$

그래서 361!을 직접 손으로 계산하는 것은 거의 불가능한데, 실제 값은 2.6×10^{845}보다 크다. 현재 우리가 나타낼 수 있는 가장 큰 수의 단위는 10^{68}인 무량대수이므로 천 무량대수인 10^{71} 자리까지 수를 읽을 수 있다. 따라서 바둑에서 나오는 가짓수 361!은 우리가 알고 있는 단위로는 도저히 읽을 수 없는 수이다.

수학에서 361!과 같이 계승을 가장 많이 사용하는 것은 순열이다. 순열은 서로 다른 n개에서 $r(r\leq n)$개를 택하여 일렬로 배열하는 것이다. n개에서 r개를 택하여 일렬로 배열하는 순열을 기호로 ${}_nP_r$과 같이 나타낸다. 여기서 P는 'Permutation'의 첫 글자이고, 이 단어는 위치를 바꾼다는 뜻으로 치환(置換)이라고도 한다. 그렇다면 ${}_nP_r$은 어떻게 계산할까?

서로 다른 n개에서 r개를 택하여 일렬로 배열할 때, 첫 번째 자리에 올 수 있는 것은 n가지이고, 두 번째 자리에 올 수 있는 것은 첫 번째 자리에 놓인 것을 제외한 $(n-1)$가지, 세 번째 자리에 올 수 있는 것은 앞의 두 자리에 놓인 것을 제외한 $(n-2)$가지이다. 이런 방법을 계속해나가면 r번째 자리에 올 수 있는 것은 $(n-r+1)$가지이다. 따라서 서로 다른 n개에서 r개를 택하는 순열의 수는 ${}_nP_r=n(n-1)\ (n-2)\cdots(n-r+1)$이다.

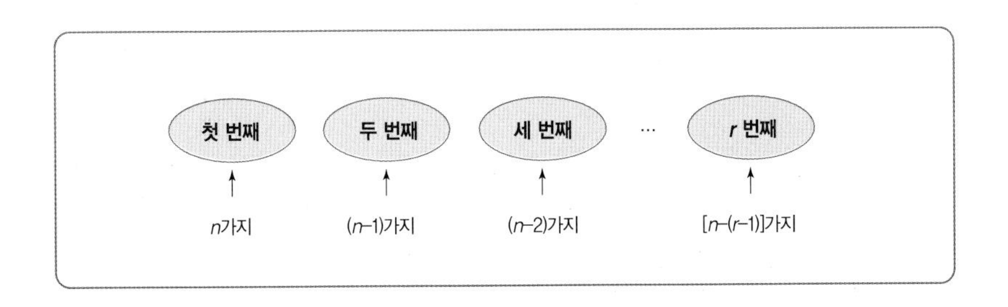

이를테면 $_7P_3=7\times6\times5=210$이다. 한편 $r \langle n$일 때, 순열의 수 $_nP_r$은 다음과 같이 나타낼 수 있다.

$$
\begin{aligned}
{}_nP_r &= n(n-1)(n-2)\cdots(n-r+1) \\
&= \frac{n(n-1)(n-2)\cdots(n-r+1)\,(n-r)\cdots3\cdot2\cdot1}{(n-r)\cdots3\cdot2\cdot1} \\
&= \frac{n!}{(n-r)!}
\end{aligned}
$$

여기서 $0!=1$로 정의하면 $r=n$일 때도 성립한다. 즉, $_nP_n=n(n-1)(n-2)\cdots3\cdot2\cdot1=n!$이고 $r=0$이면 $_nP_0=\frac{n!}{n!}=1$이므로 $_nP_0=1$로 정의한다.

구체적으로 순열은 다음과 같은 문제를 해결하는 데 사용된다. 7곡의 음악이 들어 있는 CD를 컴퓨터의 CD 재생기를 사용하여 음악을 듣는 경우를 생각하자. 이때 재생 순서를 임의로 선택하여 4곡만을 듣는다면 몇 가지 방법으로 음악을 들을 수 있을까? 이 경우 7개에서 4개를 택하는 순열의 수이므로 $_7P_4=7\times6\times5\times4=840$가지이다.

체스의 유래

동양에 바둑이 있다면 서양에는 체스가 있다. 체스는 예리한 통찰력과 복잡한 상황을 이해하는 능력이 필요하며 요행이 통하지 않기 때문에 전략을 짜는 능력을 키워주고 정신수양에 도움을 준다. 체스는 7세기 인도의 차투랑가(chaturanga)라는 게임에서 유래되었다. 차투랑가는 코끼리를 탄 병사, 이륜 전차를 끄는 병사, 보병 등의 기물을 일정한 규칙에 따라 움직이는 일종의 전쟁 놀이이다.

루이스 캐럴의 『거울나라의 앨리스』 속 삽화. 체스 모양을 한 등장인물들이 나온다.

차투랑가를 만든 사람은 인도의 수학자 세타라고 알려져 있다. 그는 재미있는 놀이를 만들어달라는 왕자의 부탁으로 이 게임을 고안했는데, 이 게임이 너무 재미있었기 때문에 왕자는 그에게 상을 내리기로 했다. 그래서 왕자는 세타를 불러 그가 원하는 것이 무엇인지 물었다. 그러자 세타가 말했다.

"왕자님, 장기판에는 모두 64개의 칸이 있습니다. 그 첫 번째 칸에는 수수 한 알, 두 번째 칸에는 수수 두 알, 세 번째 칸에는 수수 네 알, 네 번째 칸에는 수수 여덟 알과 같이 각각 새로운 칸에 그 앞의 칸에 놓인 수수 알의 두 배씩을 얹어 제게 주십시오."

왕자는 수수 알을 그것도 한 개부터 시작하여 64개의 칸에 각각 두 배씩 더 달라는 그의 요구가 과하지 않다고 여겨 세타의 소원을 들어주기로 했다. 하지만 그에게 상을 내리려고 계산하던 왕궁의 수학자들은 왕자에게 달려와서 놀라운 보고를 했다. 수학자들이 그 수를 계산한 결과는 다음과 같다.

$$1+2+2^2+2^3+2^4+\cdots+2^{62}+2^{63}=2^{64}-1=18,446,744,073,709,551,615$$

따라서 왕자가 세타에게 줘야 할 수수 알은 1,844경 6,744조 737억 955만 1,615알이었다. 이것은 지구에 있는 어떤 창고에도 다 넣을 수 없는 방대한 양이다. 더욱이 지구에서 생산되는 수수 전체를 계속해서 모아도 이 수만큼 모으려면 수백 년은 걸리는 양이다.

왕자는 상을 내리기로 했으므로 약속을 지켜야만 했다. 고민하던 왕자는 세타를 불러 이렇게 명령했다.

"그대가 말한 대로 상을 주겠다. 장기판을 가지고 와서 각각의 칸에 그대가 요구한 만큼의 수수 알을 올려놓아서 가져가거라."

세타가 만든 체스보드는 지금까지 그대로 사용되고 있는데, 오늘날의 체스보드는 어두운 색과 밝은 색이 엇갈린 64칸으로 되어 있다. 거기에 '파일(file)'이라고 하는 8개의 세로줄과 '랭크(rank)'라고 하는 8개의 가로줄이 있다. 전통적으로 체스보드의 각 칸은 검은색(또는 갈색)과 흰색(또는 베이지색)이 교대로 칠해져 있다.

경기자는 모두 16개의 기물을 가지고 게임을 하는데 백은 밝은 색의 기물을, 흑은 어두운 색의 기물을 갖게 되며 상대방을 향하여 기물을 배치한다.

서양 장기라 할 수 있는 체스는 고대 인도에서 발생한 차투랑가가 유럽에 전해지면서, 그것이 변형되어 만들어진 것이다.

첫 번째 줄에는 생긴 모양에 따라 5가지로

나뉜 킹(King, 왕), 퀸(Queen, 여왕), 룩(Rook, 성의 장군), 비숍(Bishop, 주교), 나이트(Knight, 기사)의 기물을 배치하는데, 이 기물들은 관례적으로 K, Q, R, B, N이라는 약자로 표기된다. 이 5가지 기물의 앞줄인 두 번째 줄에 놓는 기물들을 폰(Pawn, 병사)이라고 하며 P로 표기한다.

체스에서 기물이 움직일 수 있는 모든 경우의 수는 10^{120}가지에 이르는데, 이것은 전체 우주에 있는 원자의 개수인 1.2×10^{79}보다도 훨씬 많은 것이다. 또 기물들이 움직일 수 있는 모든 경우의 수를 세면 기하급수적으로 확대되는데, 첫 번째와 두 번째 순서에서 각 선수는 20가지의 경우를 선택하여 움직일 수 있어, 400가지의 서로 다른 게임을 진행할 수 있다. 또 세 번째와 네 번째 순서에서는 8,900여 가지의 서로 다른 경우가 있고, 다섯 번째 순서에서는 무려 4,800,000여 가지의 서로 다른 경우가 있다.

체스 세계 챔피언을 이긴 컴퓨터

오랫동안 서양의 과학자들은 체스를 할 수 있는 컴퓨터를 개발하기 위해 노력해왔다. 하지만 컴퓨터가 체스게임을 하기 위해서는 어마어마한 경우의 수를 빠른 시간에 처리할 수 있는 인공지능(AI, Artificial Intelligence)이 필요했다. 이것을 완성하기 위해 컴퓨터 과학, 컴퓨터 프로그램, 공학과 수학 등 다양한 분야의 학자들이 모여 수십 년간 노력했다.

최고의 체스 실력을 가진 사람을 일컬어 그랜드 마스터라고 하는데, 결국 1988년 '깊은 생각'이라는 이름을 가진 컴퓨터 시스템이 그랜드 마스터 중 한 명을 이겼다. 이 컴퓨터 시스템은 진화를 거듭하여 'Deep Blue'라는 시스템으로 발전했다. 'Deep Blue'는 IBM사가 개발한 체스를 두는 컴퓨터로 1996년 체스 세계 챔피언인 가리 카스파로프(Garry Kasparov)와 대국하여 2승 3패 2무를 기록했다. 이 시스템은 1초 동안에 1억 가지 이상의 수를 읽고 계산한다고 한다.

컴퓨터 바둑의 최강자, 북한

체스보다 경우의 수가 훨씬 많은 바둑은 어떨까? 컴퓨터 게임 중에서 가장 제작하기 어려운 것이 바로 바둑이다. 현재까지 많은 컴퓨터 바둑 프로그램이 개발되었지만 아직까지 사람과는 상대가 되지 않는다. 바둑이 그만큼 복잡하기 때문이다. 체스의 경우에는 컴퓨터가 세계 챔피언을 이기기도 하지만 바둑의 경우에는 컴퓨터가 아예 사람과 대적할 수가 없다.

그래서 컴퓨터 바둑은 컴퓨터끼리 경기를 시키는데, 이 경기에서 이긴다는 것은 그 나라의 소프트웨어 기술 수준이 높다는 것을 의미한다. 그래서 세계 각국은 컴퓨터 바둑대회에서 우승하기 위해 치열한 경쟁을 벌이는데, 이 대회에서 북한이 거의 매번 우승을 하며 독보적인 활약을 하고 있다. 미국과 중국, 일본, 우리나라 등이 북한을 이기기 위해 많은 노력을 하고 있는데, 특히 미국 프로그래머들은 밤을 새가며 시스템을 개발하고, 중국과 일본은 연대를 맺으면서까지 시스템 개발에 몰두하고 있다. 그러나 북한은 2007년에도 이 대회에서 우승하면서 6연승을 거두었다.

바둑은 1930년대부터 서양에 알려져, 많은 수학자와 심리학자들이 게임이 아닌 연구대상으로 바둑에 대해 관심을 갖기 시작했다.

바둑과 수학이 만났다

요즘 동서양을 막론하고 바둑에 대한 관심이 높아지고 있다. 게임이론학자로 유명한 미국 캘리포니아 주립대 버클리 캠퍼스 수학과 벌리캄프(Elwyn Berlekamp) 교수는 바둑 실력은 10급도 안 되지만 1994년 바둑의 끝내기를 수학적으로 분석한 『수학적 바둑(Mathematical Go)』을 출간해 세간의 이목을 끌었다.

벌리캄프 교수는 바둑의 끝내기를 수학적으로 분석한 『수학적 바둑』을 출간했다.

특히 벌리캄프 교수 주최로 2007년 11월 28일과 29일 양일간 한국기원에서 '쿠폰바둑대회'가 열렸는데, 이 대회에는 우리나라의 프로기사인 안조영,

송태곤, 원성진, 한상훈, 장주주, 루이나이웨이 등 6명이 참여했다.

'쿠폰바둑'이란 벌리캄프 교수가 끝내기의 정확한 가치를 측정하기 위해 고안한 것으로 간단히 말해 '바둑+숫자 쿠폰'으로 이루어진 게임이다. 두는 방식은 일반 바둑과 똑같다. 다만 바둑판 옆에 10부터 9.5, 9, … 1.5, 1 등으로 0.5 단위로 숫자가 적힌 '쿠폰'이 각 점수당 한 장씩 준비돼 있다. 이 쿠폰은 두 대국자가 차례로 바둑을 두다가 종반에 이르러 반상에 남은 끝내기가 10집 이하밖에 없을 때부터 사용한다. 즉, 자기 차례에 남아 있는 가장 큰 끝내기가 10집이 안 된다고 생각되면 착수를 한 번 쉬고 대신 10점짜리 쿠폰을 가져간다.

상대방도 마찬가지다. 이제 남은 쿠폰 중에 가장 큰 점수는 9.5점이므로 자기가 둘 착수의 가치가 더 크다고 생각하면 계속 착수를 하면 되고 그렇지 않다고 생각되면 자기도 쿠폰을 가져오면 된다. 이와 같은 방법으로 계속 끝내기를 하다 보면 결국 쿠폰을 모두 가져가게 되고 바둑도 끝나게 된다. 바둑이 모두 끝난 후에 각자의 집과 보유한 쿠폰의 점수를 합해서 흑백이 서로 몇 집 차이인지를 확인한다.

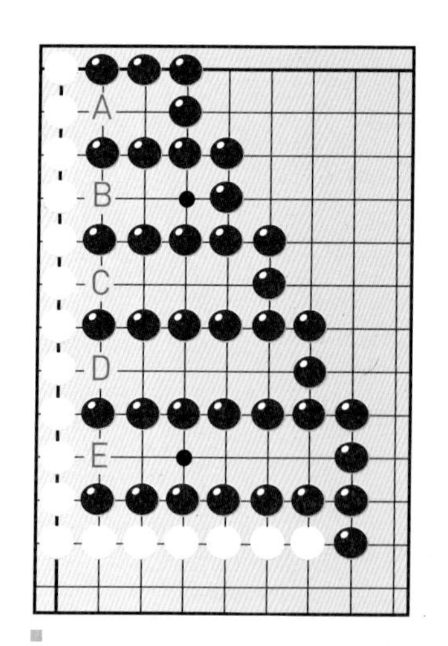

「수학적 바둑」에 나오는 유명한 끝내기 문제. 벌리캄프 교수는 A부터 E의 크기를 각각 1/2, 3/4, 7/8, 15/16, 31/32집으로 계산했다.

이처럼 많은 수학자와 과학자의 노력으로 바둑에 대한 수학적 연구가 나날이 발전하고 있다. 앞으로는 끝내기뿐만 아니라 초반이나 중반까지 수학적으로 계량화할 수 있을 것으로 기대하고 있다. 언젠가는 프로기사 수준의 컴퓨터 바둑 프로그램 제작도 가능하게 될 것이다. 이러다가는 컴퓨터가 스스로 수학을 연구하는 세상이 되지 않을까.

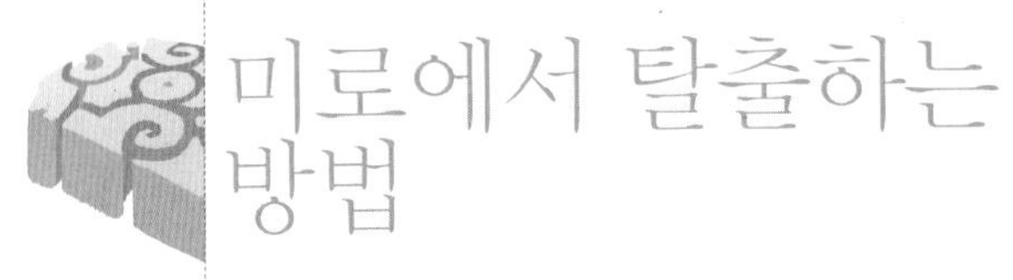

미로에서 탈출하는 방법

한붓그리기와 그래프이론

직선과 곡선의 조화, 서해대교

내가 지금까지 건너본 다리 중 가장 긴 다리는 서해대교이다. 서해대교는 경기도 평택시 포승면 내기리와 충청남도 당진군 신평면을 바다 위로 연결한 다리이다. 서해대교에는 사장교와 FCM교(장경간 콘크리트 상자형교), PSM교(연속 콘크리트 상자형교) 등 3가지 다리 형식이 복합적으로 사용되었다고 한다.

서해대교의 사장교는 주탑의 높이가 182m, 다리 사이의 간격이 470m에 달해 이 다리 밑으로 5만 톤급의 선박이 왕래할 수 있다. 서해대교의 사장교 주탑의 외형은 충청남도 아산시 읍내리에 있는 보물 제537호인 당간지주의 형상을 빌어 지역적 상징성을 강조했다.

사장교 건설 공법에는 수학의 선형이론과 비선형이론이 접목되었다.

서해대교는 1993년 11월 착공하여 무려 7년에 걸친 공사 끝에 2000년 12월에 개통되었다. 총 길이 7,310m에 교폭이 약 31m인 왕복 6차선 도로교이다.

선형이론이란 간단히 말하면 직선에 관한 수학적 이론이다. 평면이나 공간에서 직선은 일차함수이므로 선형이론이라는 것은 일차함수에 관한 이론이다. 즉, 평면에서의 일차함수는 $y=ax+b$이고, 공간에서의 일차함수는 $z=ax+by+c$이다. 일차함수의 미지수 차수가 모두 1이기 때문에 쉬울 것이라고 생각하면 큰 오산이다. 수학에는 일차함수식만을 전문적으로 다루는 선형대수학이라는 분야가 있는데, 이 분야를 기초로 컴퓨터가 만들어졌고 지금의 디지털 시대가 열렸다. 물론 비선형이론은 선형이 아닌 것들을 연구 대상으로 삼는 분야이다.

한붓그리기 문제

다리에 관한 또다른 수학에 관하여 알아보자. 수학의 역사에서 가장 유명한 다리는 쾨니히스베르크 다리이다. 왜냐하면 이 다리는 한붓그리기 문제와 연결되어 있기 때문이다. 한붓그리기 문제는 18세기 동(東)프로이센의 수도 쾨니히스베르크(현재의 칼리닌그라드)에 있던 프레겔 강의 다리 건너기를 제재(題材)로 한 초기의 위상기하학 문제이다. 또한 이 문제는 선형대수학의 한 분야라고 할 수 있는 그래프이론의 시발점이 되었다. 우선 이 문제의 내력을 잠시 살펴보고 그래프이론에 대하여 알아보자.

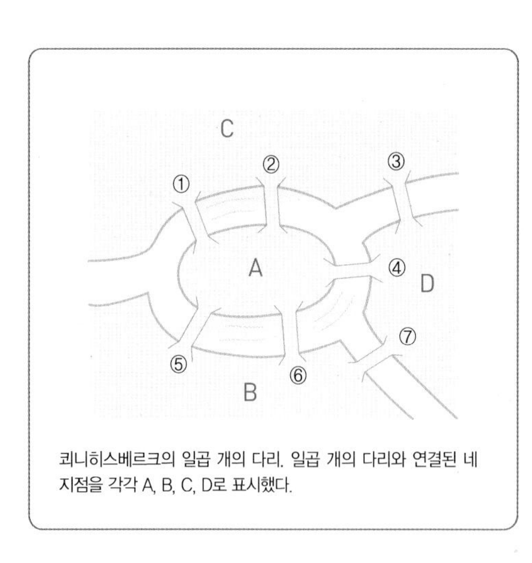

쾨니히스베르크의 일곱 개의 다리. 일곱 개의 다리와 연결된 네 지점을 각각 A, B, C, D로 표시했다.

쾨니히스베르크는 프레겔 강에 의해 왼쪽 그림과 같이 A, B, C, D의 4개의 지역으로 나누어지고, 이들 지역을 잇는 7개의 다리 ①, ②, ③, ④, ⑤, ⑥, ⑦이 놓여 있다. 그런데 이 7개의 다리에 대해 수학자들은 '같은 다리를 두 번 건너는 일 없이 이들 다리를 모두 건널 수 있는가?' 라는 문제를 제기하였다.

직접 다리를 건너보자. A지역에서부터 시작하여 ①번 다리를 건너고,

②번 다리를 건너고, ⑤, ⑥번 다리를 건너서 ④번 다리를 건너면 ③번 이나 ⑦번 다리를 건널 수 있는데, ③번 다리를 건너면 ⑦번 다리를 건널 수 없게 되고, ⑦번 다리를 건너면 ③번 다리를 건널 수 없게 된다.

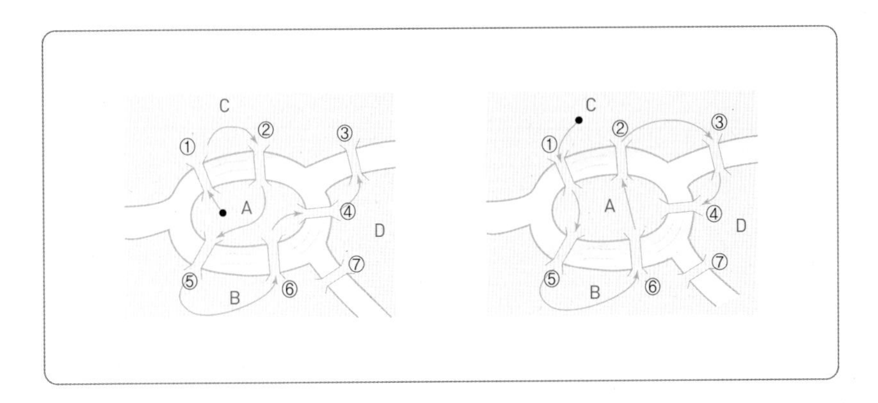

이번에는 C지역에서 출발하여 ①번 다리를 건너고, ⑤, ⑥번 다리를 건너고, ②, ③번 다리를 건너면 ④번 다리와 ⑦번 다리가 남게 된다. 앞에서와 마찬가지로 ④번 다리를 건너면 ⑦번 다리를 건널 수 없게 되고, ⑦번 다리를 건너면 ④번 다리를 건널 수 없게 된다.

여러 가지 경우를 시도해보면 알겠지만 모든 다리를 한 번씩만 건너는 경우는 찾을 수 없을 것이다. 그렇다고 몇 가지 경우를 시도해본 것만으로 다리 건너기가 불가능하다고 결론 지을 수는 없다. 즉, 수학적으로 명확한 증명이 필요하다.

일곱 개의 다리를 한 번씩만 빠짐없이 모두 건너는 문제는 일곱 개의 다리를 건너는 순서를 정하는 것과 같다. 다시 말하면 일곱 개의 다리를 건너는 순서를 정하면 문제가 해결되는 것으로 일곱 개의 다리

①, ②, ③, ④, ⑤, ⑥, ⑦의 순서를 생각하여 중복되지 않게 일렬로 배열하는 것이고, 이렇게 배열된 모든 경우에서 다리 건너기가 가능한지 확인해야 한다. 그런데 일곱 개의 숫자를 일렬로 배열하는 순열의 수는 $7!=7\times6\times5\times4\times3\times2\times1=5040$이므로 5,040개의 경우를 모두 따져봐야 한다. 그러나 모든 경우를 따진다는 것은 너무나 지루하고 한심한 일이다.

한붓그리기 문제의 해답

스위스 출신의 위대한 수학자 오일러(Leonhard Euler, 1707~1783)는 이 문제를 보고 즉석에서 "다리 건너기는 불가능하다"고 단언했고, 1732년 이 문제에 관련된 한붓그리기를 명확히 설명했다.

쾨니히스베르크 다리의 그림에서 강으로 분할되는 네 지역 A, B, C, D를 꼭지점으로 나타내고, 일곱 개의 다리를 네 꼭지점을 연결하는 선으로 생각하면 옆의 그림과 같이 간단한 그림으로 나타낼 수 있으므로 결국 다리 건너기 문제는 '한붓그리기' 문제가 된다.

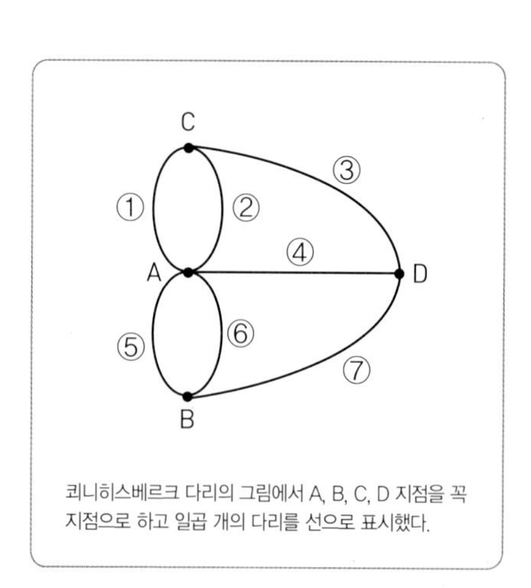

쾨니히스베르크 다리의 그림에서 A, B, C, D 지점을 꼭지점으로 하고 일곱 개의 다리를 선으로 표시했다.

한붓그리기란 말 그대로 주

어진 도형을 그릴 때, 선을 한 번도 떼지 않고 같은 선 위를 두 번 반복해서 지나지 않도록 그리는 일이다. 한붓그리기가 가능하다면 그림에서 시작하는 점과 끝나는 점이 있고, 그 두 점 이외의 점은 모두 통과하는 점이 된다. 어떤 점이 한붓그리기의 시작점이라면 처음에 그 점에서부터 나가고, 들어오면 나가고, 다시 들어오면 나가고를 몇 번을 반복하든지 들어온 다음에는 반드시 나가야 한다. 즉, 시작하는 점에 연결된 선의 개수는 홀수개가 된다.

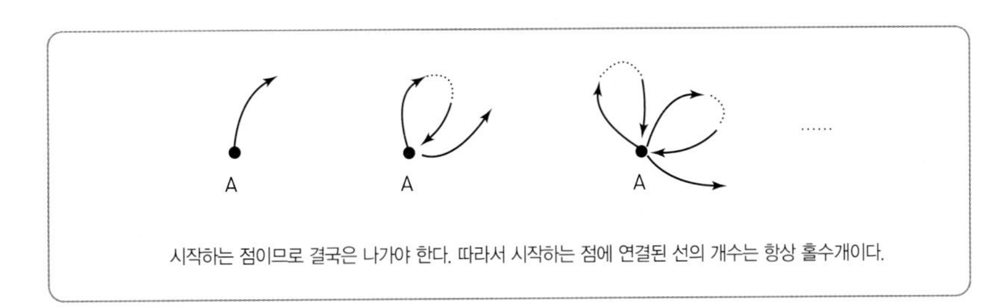

시작하는 점이므로 결국은 나가야 한다. 따라서 시작하는 점에 연결된 선의 개수는 항상 홀수개이다.

끝나는 점의 경우는 시작하는 점과 반대로 그 점에서 끝나야 하므로 처음에 들어오고, 나가면 들어오고, 다시 나가면 들어오고를 몇 번을 반복하든지 나간 다음에는 반드시 들어와야 한다. 따라서 시작하는 점과 마찬가지로 이 점에 연결된 선의 개수는 홀수개가 된다.

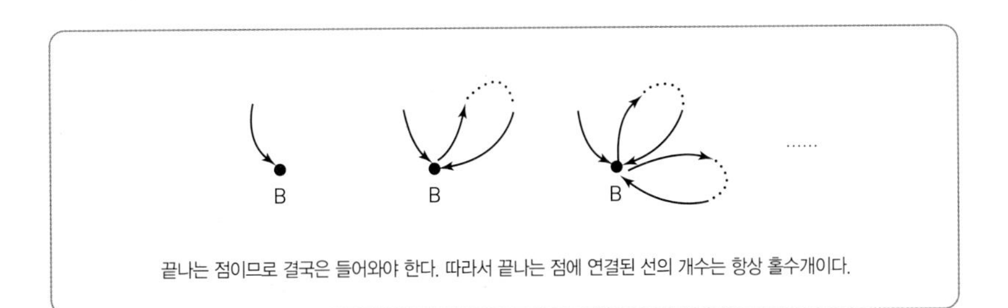

끝나는 점이므로 결국은 들어와야 한다. 따라서 끝나는 점에 연결된 선의 개수는 항상 홀수개이다.

만일 시작하는 점과 끝나는 점이 같은 경우에는 그 점에서 나가고 들어오고, 나가고 들어오고를 반복하게 되어 그 점과 연결된 선의 개수는 짝수개가 된다. 도중에 통과하는 점에서는 들어오고 나가고를 반복해야 하므로 통과하는 점과 연결된 선의 개수는 짝수개가 된다. 결국 한붓그리기에서는 점과 연결된 선의 개수가 홀수인지 짝수인지가 중요한 핵심이 된다. 어떤 점에 연결된 선의 개수가 홀수면 그 점을 홀수점, 짝수면 짝수점이라고 하면, 결국 한붓그리기가 가능한 도형은 다음의 두 가지 경우뿐임을 알 수 있다.

(1) 홀수점이 없는 경우에는 시작하는 점과 끝나는 점이 일치한다.
(2) 홀수점이 두 개 있는 경우는 시작하는 점과 끝나는 점이 다르다.

이때, 두 홀수점 중 어느 하나를 시작하는 점으로 하고 다른 하나를 끝나는 점이 되도록 하면 한붓그리기를 할 수 있다. 이제 다리 건너기 문제로 되돌아가서 홀수점과 짝수점의 개수를 세어보면 A, B, C, D가 모두 홀수점이 되므로 한붓그리기가 불가능하다는 것을 알 수 있다.

한붓그리기에서 진화한 그래프이론

한붓그리기를 좀더 수학적으로 발전시킨 것이 그래프이론이다. 그런데 여기서 말하는 그래프는 여러분이 일반적으로 알고 있는 함수의 그래프와는 다르다. 사실 그래프이론은 오일러가 쾨니히스베르크 다리 건너기 문제를 푸는 과정에서 생겨난 분야로 처음부터 응용과 밀접한 관련을 가지고 있었다. 오일러 이후에 키르히호(Kirchhoff)에 의해 전기회로에, 케일리(Cayley)에 의해 유기화학에, 해밀턴(Hamilton)에 의해 퍼즐 연구에 응용되었으며 20세기에 와서는 전기공학, 컴퓨터공학, 화학, 정치학, 생태학, 생명공학, 수송, 정보이론 등 다양한 분야로 응용이 확산되고 있는 추세이다.

아래 그림에서 점은 가, 나, 다, 라, 마 5명의 사람을 나타내고, 점과 점을 잇는 선분은 그 선분으로 이어진 두 사람이 서로 알고 있다는 것을 나타낸다. 이를테면 가는 라와 마는 알고 있지만 나와 다는 모른다. 라의 경우는 가, 나, 다, 마 모두를 알고 있다. 이와 같이 그림으로 나타내면 한눈에 이들 사이의 관계를 보다 쉽게 알 수 있다. 이 그림과 같이 몇 개의 점과 그 점들을 잇는 선으로 이루어진 도형을 그래프(Graph)라고 한다.

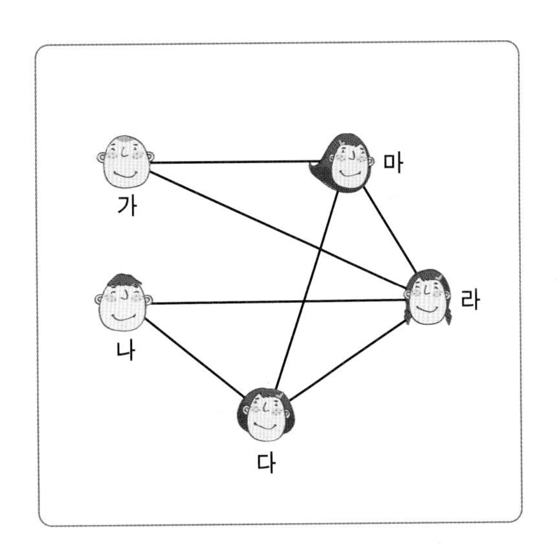

그래프는 도형으로 정의되지만 도형으로서의 성질보다는 그래프를 이루는 점과, 점과 점 사이의 관계 유무를 나타

내는 연관성을 주안점으로 한다. 그런 의미에서 그래프 G는 형식적으로 꼭지점이라고 불리는 공집합이 아닌 유한집합 V와 변이라고 불리는 원소들을 가지는 집합 E의 쌍 $G=(V, E)$로 정의한다. 이를테면 위의 그림에서 $V=${가, 나, 다, 라, 마}이고 $E=${가라, 가마, 나다, 나라, 다라, 다마, 라마}이다.

그래프에서 한 꼭지점에 연결된 변의 개수를 그 꼭지점의 차수라고 한다. 이를테면 위의 그래프에서 꼭지점 가의 차수는 2, 나의 차수는 2, 다의 차수는 3, 라의 차수는 4, 마의 차수는 3이다. 그런데 이들을 모두 더하면 $2+2+3+4+3=14=7\times2$이다. 즉, 변의 개수의 2배이다. 일반적으로 그래프의 모든 꼭지점의 차수의 합은 그래프의 변의 개수의 2배이다.

그래프의 한붓그리기에서 시작한 점과 끝나는 점이 같은 경우를 오일러 회로라고 한다. 오일러 회로는 전시장에서 예를 찾을 수 있다. 입구와 출구가 같은 어떤 전시회장에서 그림을 전시하는데, 관람객들이 전시된 그림을 모두 관람하지만 같은 그림을 두 번 보지 않게 그림을 전시하려고 할 때 오일러 회로가 사용된다. 그러나 입구와 출구가 다르면 한붓그리기가 된다.

미로에서 탈출하는 방법

앞에서와 같은 응용 이외에 한붓그리기와 관련된 재미있는 놀이가 있다. 바로 미로 찾기이다. 미로는 한번 들어가면 드나드는 곳이나 방향을 알 수 없게 된 길을 말하며, 시작하는 점에서 끝나는 점까지 한 번에 통과할 수 있는지 찾는 한붓그리기이다.

미로라고 하면 종이 위에 그려진 퍼즐이나 어린이 공원에 있는 미로를 생각하겠지만, 미로는 인간의 일상생활에서도 쉽게 볼 수 있다. 미로가 사용된 실제적인 예는 고대 이집트의 피라미드에서 찾아볼 수 있다. 피라미드 속에는 죽은 왕과 함께 갖가지 보물들을 넣어두었는데, 그 보물들을 도굴꾼이 훔쳐가지 못하도록 하기 위하여 미로를 만들었다. 〈인디애나 존스〉〈미이라〉〈해리포터〉 등의 모험 영화에서도 미로를 헤매고 다니는 주인공들을 흔히 볼 수 있다. 이밖에도 유럽에서는 궁전의 안뜰에 미로를 만들어 공격해온 적을 안으로 유인하여 전멸시켰다는 전설도 있다. 영국인 브라이트는 『미로』라는 책을 쓰고, 1971년에 1.6km가 넘는 미로 정원을 만들었다. 그 후, 그는 런던 서쪽 롤리트에 2.8km²가 넘

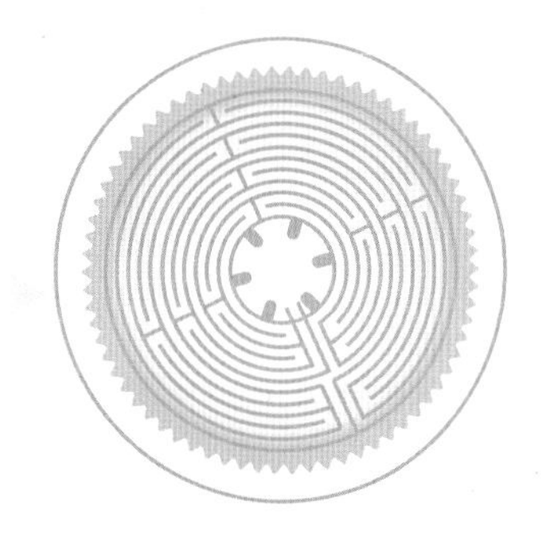

프랑스 샤르트르대성당 바닥에 그려진 미로.

제주도에 있는 김녕 미로공원. 1997년에 문을 연 이 공원 미로의 총 길이는 932m이고, 입구에서 출구까지 최단 코스는 190m이다. 미로 안에 심은 나무는 3m가 넘기 때문에 밖을 내다볼 수 없다.

는 넓은 땅에 길이 3.2km나 되는 미로를 만들었는데, 도중에 터널과 다리가 있는 이 미로는 현재까지 세계에서 가장 큰 미로로 알려져 있다. 우리나라에도 제주도에 김녕 미로공원이 있어서 미로에서 길을 찾는 재미를 느낄 수 있다.

아무리 복잡한 미로라도 다음과 같은 방법을 따르면 그 길을 쉽게 찾을 수 있다.

① 3면이 둘러싸인 곳이 있으면 그곳을 지운다.

② 지워서 또 3면이 둘러싸인 곳이 생기면 다시 지운다.

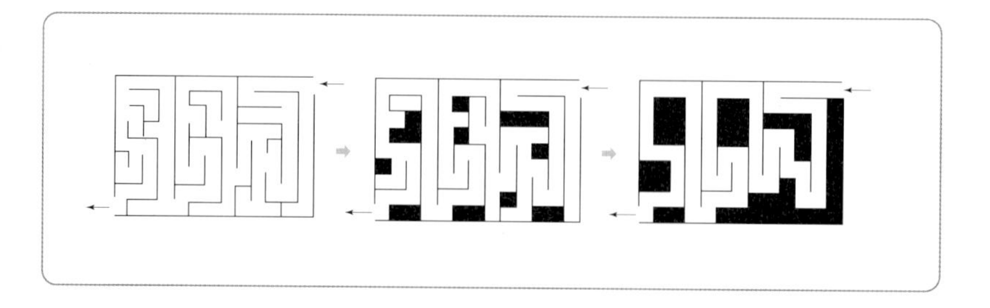

③ 위와 같은 과정을 반복하여 마지막으로 남은 길을 가면 된다.

다음은 16세기 이탈리아의 건축가 프란체스코 세갈라가 인체에 미로를 그려 넣은 것이다. 이 미로의 길을 위의 방법을 이용하여 찾아보기 바란다.

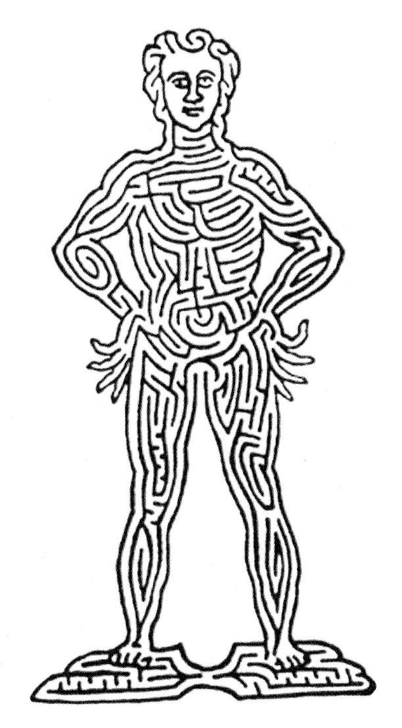

망원경도 종이처럼 접을 수 있을까

종이접기와 뫼비우스의 띠

종이접기와 우주망원경 접기

종이를 자르거나 붙이지 않고 그대로 접어서 여러 가지 모양을 만드는 종이접기는 남녀노소 누구나 즐길 수 있는 놀이이다. 종이접기는 집중력과 섬세한 손놀림이 필요하기 때문에 두뇌활동에도 매우 좋은 놀이이다. 또한 접는 방법을 계속 연구해 여러 가지 새로운 모양을 만들어내기 때문에 창의력 향상에도 큰 도움을 준다. 이러한 종이접기는 수학에서도 많이 사용된다.

조금만 주의를 기울이면 종이접기가 우리 주변에서 흔히 사용되고 있음을 알 수 있다. 특별한 날 테이블에 예쁘게 접혀 있는 냅킨, 소원을 빌기 위해 접은 학 천 마리, 스커트와 블라우스를 장식하고 있는 장식 등이 그것이다. 좀더 과학적인 종이접기로는 원래 크기의 $\frac{1}{60}$정도로 접혀

냅킨을 접어 장식한 모습. 이밖에도 종이접기의 원리는 일상생활에 다양하게 사용된다.

있다가 0.1초 만에 펴지는 자동차 에어백이 있다. 뿐만 아니라 단백질의 구조를 연구하는 데도 종이접기가 응용되며, 인공위성이 우주에서 태양전지판을 넓게 펼치는 것도 종이접기를 응용한 것이다. 미국 항공우주국(NASA)은 거대한 망원경을 종이접기를 이용해 72조각으로 만들어 우주로 운반하기도 했다.

거대한 망원경을 우주로 옮기기 위해 종이접기를 응용하게 된 사정은 이렇다. 몇 년 전 미국은 태양계 밖에 있는 별까지 관찰할 수 있는 지름 350m의 초대형 우주망원경을 설계했다. 그런데 이 초대형 망원경을 어떻게 우주까지 운반할 것인가 하는 문제에 부딪혔다. NASA는 지름 35m 이상의 망원경을 우주로 운반할 수 있는 장비나 기술이 없었다. 그러던 중에 연구진이 종이접기에서 영감을 받아 망원경을 종이처럼 접어서 우주로 운반하자는 아이디어를 내놓았다.

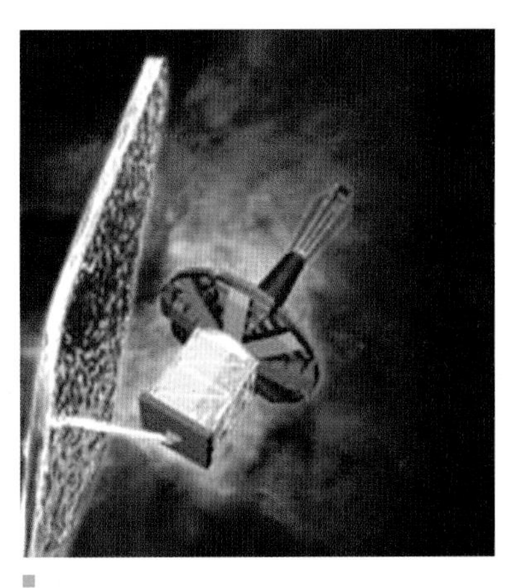

미국이 개발한 차세대 우주망원경의 모습. 이 망원경을 종이처럼 접어 우주로 보냈다.

초대형 망원경을 접는 데 이용된 기술은 과거 NASA에서 일했던 로버트 랭(Robert J. Lang)이 개발한 '트리메이커(treeMaker)' 인데, 이것은 종이접기를 수학 알고리즘으로 바꿔 컴퓨터로 종이접기를 설계할 수 있도록 만든 소프트웨어다. 연구진은 이 프로그램을 이용해 우주망원경을 72개 조각으로 만든 다음, 경첩으로 연결해 종이처럼 접어서 우주로 운반할 수 있었다.

수학적으로 응용되는 종이접기의 원리

오늘날 수학자들은 새로운 방법으로 종이접기를 연구하고 있다. 평평한 정사각형 종이를 접는 방법과 형식을 분석하여 그래프이론, 조합론, 최적화 이론, 테셀레이션, 프랙탈, 위상수학 그리고 슈퍼컴퓨터에 응용하고 있는 것이다. 특히 종이접기에는 유클리드 기하학적인 모양이나 특성이 많이 들어 있는데, 삼각형, 다각형, 합동, 비율과 비례, 접는 선에 나타난 대칭과 닮음 등이 그것이다.

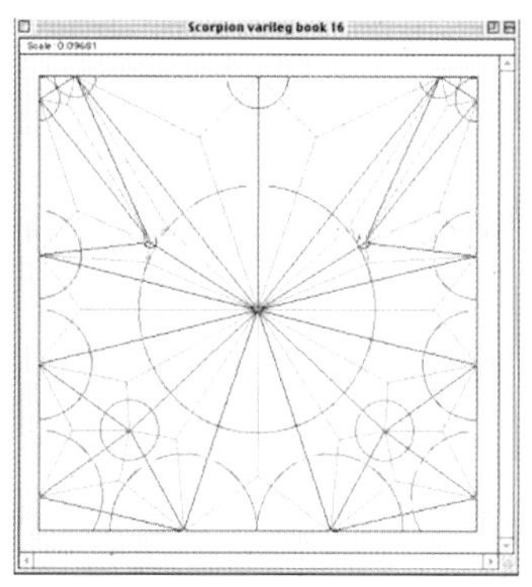

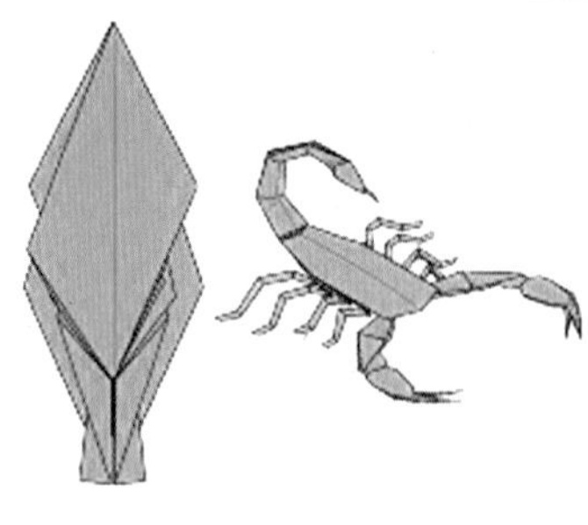

트리메이커를 사용하여 만든 종이접기의 밑그림과 중간단계, 그리고 완성품이다.

간단한 예를 들어 수학에서 종이접기를 어떻게 이용하는지 알아보자. 먼저, 초등학교에서 배운 분수의 곱셈을 종이접기로 나타낼 수 있다. 다음 그림처럼 종이 한 장의 크기를 1이라고 하면 $\frac{3}{4}$은 이 종이를 네 번 접은 후에, 접힌 부분 중에서 3칸을 택한 것과 같다. 마찬가지 방법으로 분자가 더 큰 가분수도 종이접기로 나타낼 수 있는데, 이때는 가분수의 크기에 따라 종이의 크기를 달리 정하면 된다.

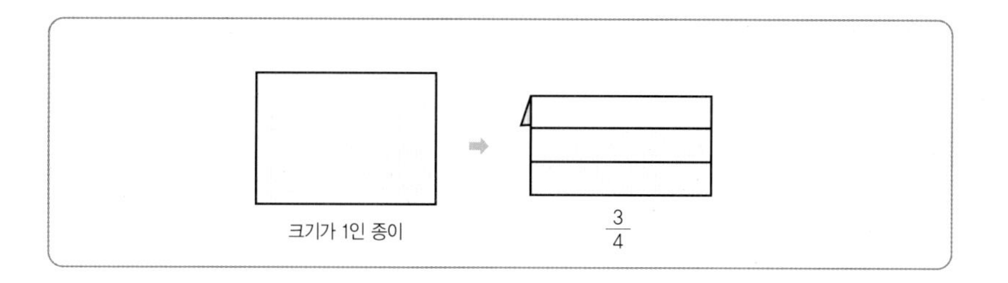

이제 $\frac{2}{3} \times \frac{5}{4}$와 같이 두 분수의 곱셈을 종이접기로 알아보자. 이 경우 곱하는 분수 $\frac{5}{4}$가 1보다 크고 2보다 작으므로 종이 한 장의 크기를 2라고 하면 다음 그림처럼 종이접기를 이용하여 $\frac{2}{3} \times \frac{5}{4} = \frac{10}{12}$을 얻을 수 있다. 이 경우 처음에 주어진 종이의 크기는 2고, 접힌 구간의 개수는 모두

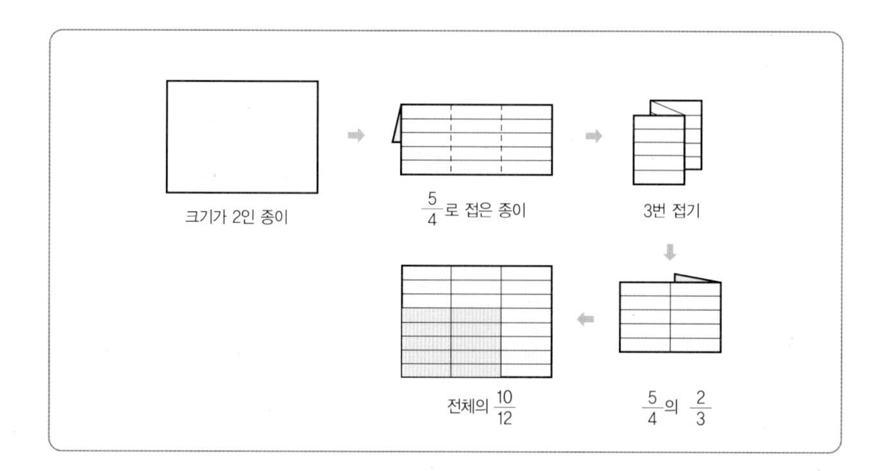

24개이다. 따라서 넓이가 1인 반은 12개의 칸이 있고, 그 중 색칠된 부분은 10개이다.

놀라운 뫼비우스의 띠

이렇게 종이를 접어서 수학을 찾아낼 수 있지만, 종이를 길게 잘라 띠를 만들면 또다른 수학과 만날 수 있다. 그것이 바로 뫼비우스의 띠이다.

종이 띠를 한 번 꼬아서 만든 뫼비우스의 띠는 앞과 뒤의 구분이 없다.

뫼비우스의 띠(Möbius strip)는 수학의 기하학과 물리학의 역학이 연관된 곡면으로, 경계가 하나밖에 없는 2차원 도형이다. 즉 안팎의 구별이 없다. 이 띠는 1858년에 뫼비우스(August Ferdinand Möbius)와 요한 베네딕트 리스팅(Johann Benedict Listing)이 서로 독립적으로 발견했다. 뫼비우스는 대중적인 천문학 논문인 「핼리혜성과 천문학의 원리」를 발표했으며, 이밖에도 정역학, 천체역학에 대한 수학적 논문을 발표한 천문학 교수이다. 종이를 길게 잘라서 띠를 만든 후 종이 띠의 양 끝을 풀로 붙이면 도넛 모양의 토러스가 되지만 한 번 꼬아 붙이면 뫼비우스의 띠가 된다.

이 꼬임이 이토록 특별한 이유는 무엇일까? 이 띠는 종이 양 끝을 한 번 꼬아 이어 붙였기 때문에 한 개의 면과 한 개의 끝점을 가지고 있다. 이 띠의 어느 한 면에서 출발하여 선을 계속 그려간다면 결국 시작점에 도착하는 것이다. 즉, 연필을 떼지 않고도 이 띠의 전부를 여행할 수 있는 것이다.

뫼비우스의 띠는 수학자들에게 기하학적으로 한 면만을 가지는 훌륭한 모델이 되는데, 면이 하나뿐이라는 것은 그 공간 내에서는 어떤 수학적 특성이 절대로 변하지 않는다는 것을 의미한다.

뫼비우스의 띠는 우리에게 재미도 선사한다. 뫼비우스의 띠를 만든 다음 가운데를 따라 자르면 둘로 나누어지지 않고 네 번 꼬인 한 개의 띠가 된다.

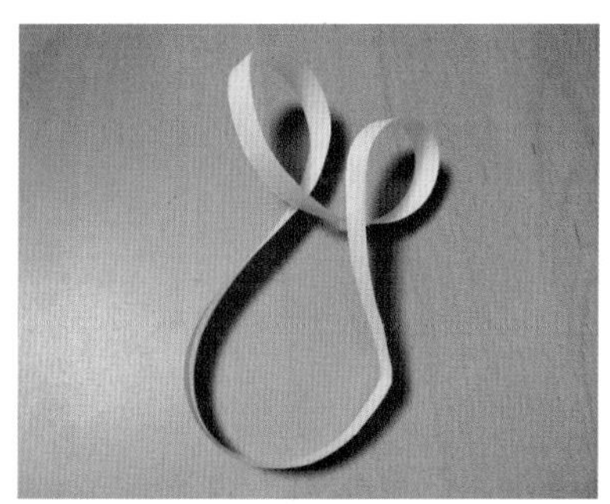
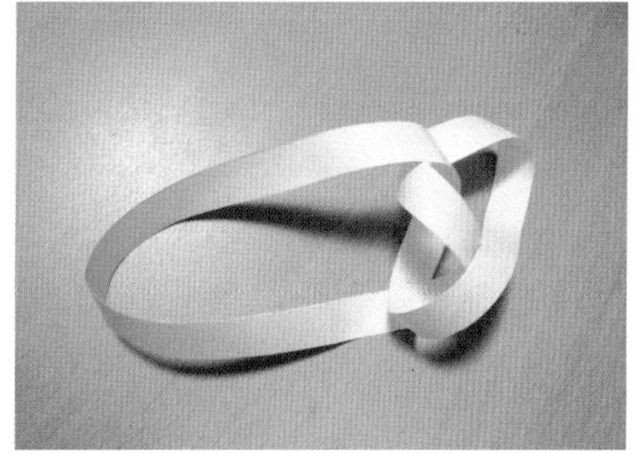

■
뫼비우스의 띠 가운데를 따라 자르면 두 조각이 아닌 네 번 꼬인 한 개의 띠가 된다. (왼쪽)
홀수 번 꼬아 만든 띠의 가운데를 자를 경우 만들어지는 꼬인 모양. (오른쪽)

이러한 원리를 일반화하여 n번 꼬는 경우를 생각해보자. $n=1$인 경우는 우리가 알고 있는 뫼비우스의 띠인데, 이 경우 가운데를 자르면 네 번 꼬인 하나의 띠가 된다. 그렇다면 두 번 꼰, 즉 $n=2$일 경우는 어떻게 될까? 일반적으로 n번 꼬아서 만든 띠의 경우 $2n+2$번 꼬인 하나의 띠가 된다. 그리고 짝수 번 꼬아 만든 띠를 자른 경우에는 단순히 꼬이기만 한 폐곡선 모양이지만, 홀수 번 꼬아 만든 띠를 자를 경우에는 폐곡선 모양이나 돌돌 감긴 모양이 된다.

뫼비우스의 띠에는 더욱 흥미로운 사실이 하나 더 있다. 뫼비우스의 띠를 하나 만들고, 이것과 반대 방향으로 꼰 다른 뫼비우스의 띠를 하나 더 만든다. 이 두 개의 띠를 서로 수직이 되게 그림과 같이 붙인다. 그리고 두 개의 띠를 그림에서와 같이 가운데 점선을 따라 자르면 서로 결합된 두 개의 하트가 된다. 마치 영원한 사랑의 맹세를 하는 것 같다.

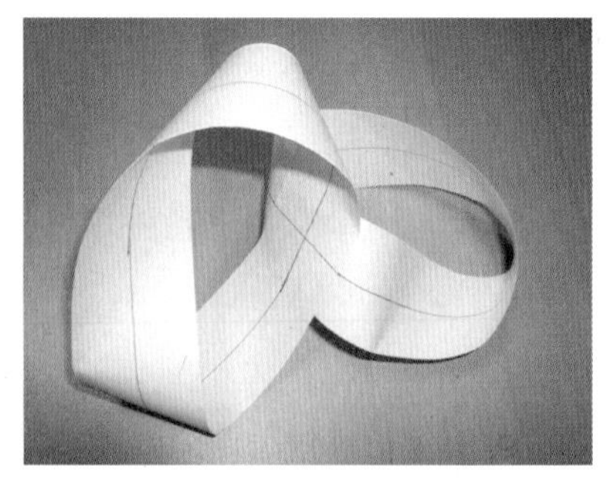

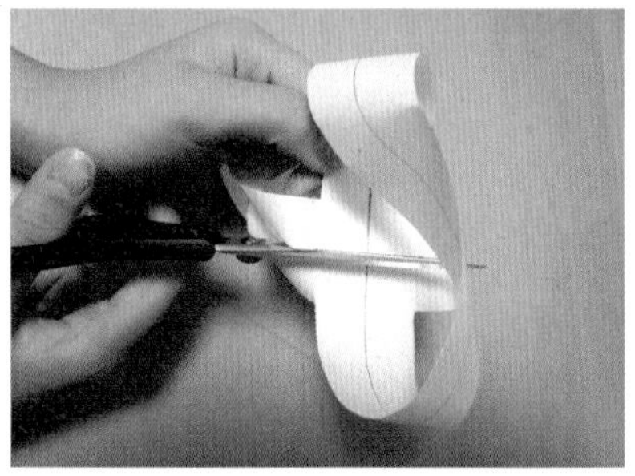

서로 반대 방향으로 꼰 두 개의 뫼비우스의 띠를 수직이 되게 붙인 다음 가운데 점선을 따라 자르면 결합된 두 개의 하트가 된다.

뫼비우스의 띠가 만들어낸 발명품

뫼비우스의 띠와 관련된 많은 발명품들이 있는데 그중 몇 가지를 알아보자. 우선 굿리치사(B. F. Goodrich Co.)는 뫼비우스의 띠로 컨베이어 벨트를 만들어 특허를 냈다. 이 벨트는 재래식 방앗간이나 원동기 등에서 자주 볼 수 있는데, 벨트가 꼬여 있기 때문에 양면을 모두 사용할 수 있어서 그렇지 않은 벨트보다 훨씬 오랫동안 사용할 수 있다. 1928년 포레스트(Lee Forest)는 양면에 모두 녹음이 되는 뫼비우스 필름을 발명했고, 하리(O. H. Harris)는 연마용 뫼비우스 벨트를 발명했으며, 1963년 제이콥(J.W. Jacob)은 드라이클리닝을 하는 세탁기계에서 사용되는 셀프 클리닝 뫼비우스 필터 벨트를 발명했다. 첨단과학에서는 데이비스(Richard L. Davis)가 원자력에 이용되는 비반작용 저항기용 뫼비우스 띠를 발명했다.

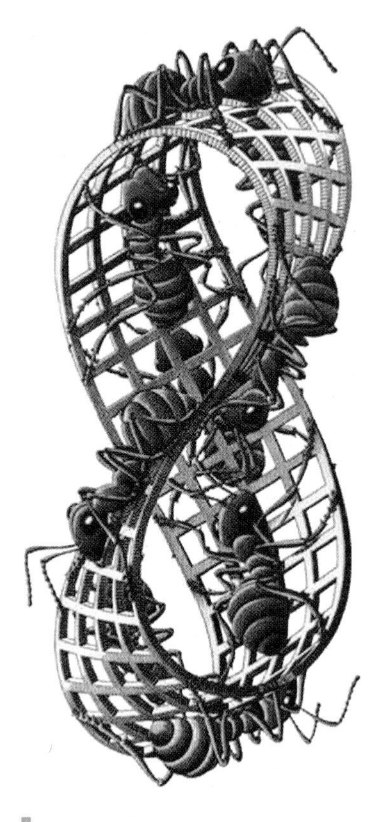

에스헤르가 그린 뫼비우스의 띠. 그는 수학적으로 불가능한 구조를 많이 그렸다.

뫼비우스의 띠를 예술에 적용한 화가도 있는데, 바로 에스헤르(M.C. Escher, 1898~1972)이다. 우리나라의 문학 작품 중에도 뫼비우스의 띠가 등장한다. 소설가 조세희의 『난장이가 쏘아 올린 작은 공』은 12개의 이야기로 이루어진 연작 소설로, 첫 번째 작품이 뫼비우스의 띠이다. 이외에도 많은 이야기와 소설 그리고 영화에 뫼비우스의 띠가 등장하며, 귀걸이나 목걸이 등 각종 장신구로도 사용되고 있다.

수학자와 과학자들은 별 볼일 없어 보이던 뫼비우스의 띠의 무한한 가능성을 인식한 이후 연구를 계속하고 있다. 2007년 영국의 과학자들은 뫼비우스의 띠를 만들 때 가로 세로의 비율에 따라 모양이 규칙적으로 달라지는 것을 수학적으로 공식화한 방정식을 만들었다. 직사각형의 길이에 따라 달라지는 '에너지 밀도'가 띠의 모양에 영향을 준다는 사실을 밝혀내고 이를 공식으로 나타낸 것이다.

뫼비우스의 띠는 원상태로 돌아가 힘의 평형 상태를 유지하는 독특한 형태의 꼬인 부분이 있다. 수학용어로는 직선이 운동할 때 생기는 곡면인 '가전면(可展面, developable surface)'이라고 하는 이 부분이 바로 뫼비우스의 띠의 모습을 예측하는 핵심이 된다. 이와 관련된 논문은 1930년 처음 발표되었으나 그 규칙에 대해서는 밝혀진 바가 없었다. 특히 뫼비우스의 띠를 역학적으로 연구한 것은 이번이 처음이며, 에너지 밀도는 띠를 접었을 때 재질 전체에 생기는 탄력에너지로 접힘이 심한 곳에서 가장 높고 평평하게 펴진 곳에서 가장 낮게 나타난다는 것을 밝혀냈다. 연구진은 띠의 폭이 길이에 비례해 늘어나면 에너지 밀도가 생기는 부분도 달라지며, 이것이 띠의 모양을 결정하는 요인이라고 했다. 자연계에서 뫼비우스의 띠가 실제로 나타나는 모양의 비밀을 수학적 방정식으로 풀어내는 데 성공한 것이다.

이와 같은 결과는 뫼비우스의 띠처럼 꼬인 물체의 잘 찢기는 부분을 예측하거나 화학, 양자물리학과 나노테크놀로지를 이용해 새로운 약이나 구조를 만드는 분야에 다양하게 활용될 수 있다. 여러 영역에서 다루어졌던 뫼비우스의 띠에 첨단과학의 비밀이 숨어 있었음을 수학이 밝혀낸 것이다.

백전백승 타짜의 비밀

화투와 윷놀이의 확률

고스톱의 확률

명절 때 일가 친척들이 모여 주로 하는 놀이 중에 고스톱이라는 화투놀이가 있다. 화투는 포르투갈의 '카르타(carta) 딱지놀이'에서 유래된 것으로 알려져 있다. 포르투갈 상인들이 일본에 왔을 때 일본인들이 이를 본떠 하나후대[花札]를 만들었다. 이것이 개항을 전후해서 우리나라에 들어온 것이다. 여기서 고스톱에 숨어 있는 재미있는 수학을 들여다보자.

명절 때 자주 하는 고스톱에는 확률의 법칙이 숨어 있다.

고스톱은 몇 명이 치느냐에 따라 나누어주는 화투의 장수와 바닥에 까는 장수가 달라진다. 사람들에게 나누어주는 장수를 x라 하고 바닥에 까는 장수를 y라 할 때 뒤집는 장수가 나누어주는 장수와 같아야 내는 것과 뒤집는 것이 같이 끝나게 된다. 두 명이 치는 일명 '맞고' 일 때는 나누어주는 장수가 $2x$이고, 바닥에 까는 장수는 y, 또 뒤집는 장수도 $2x$이므로 이들을 모두 더하면 48이 되어야 한다. 즉, $2x+y+2x=4x+y=48$이다. 이 식을 만족시키는 x, y를 각각 구하여 순서쌍 (x, y)로 나타내면 다음과 같다.

(1, 44), (2, 40), (3, 36), (4, 32), (5, 28), (6, 24),
(7, 20), (8, 16), (9, 12), (10, 8), (11, 4)

이를테면 1장씩 나누어 갖고 2장을 뒤집어놓은 후 44장을 바닥에 깔고 놀이를 하면 단 한 번의 기회가 있으므로 재미가 없을 것이다. 11장씩 나누어 가지고 11장을 뒤집어놓은 후 4장만 깔고 치는 경우도 마찬가지로 재미없는 놀이가 될 것이다. 또 바닥에 너무 많은 화투가 깔려 있으면 같은 무늬가 겹치게 되어 이 또한 재미가 없다. 결국 칠 기회를 가장 많이 가지며 같은 무늬를 바닥에 가장 적게 까는 방법은 10장씩 나누어 가진 후 $2 \times 10 = 20$장을 뒤집어 놓고 8장을 깔고 칠 경우이다.

3명이 할 때는 어떨까? $3x+3x+y=6x+y=48$과 같은 식이 성립하고, 이것을 만족하는 x, y를 순서쌍 (x, y)로 나타내면 다음과 같다.

(1, 42), (2, 36), (3, 30), (4, 24), (5, 18), (6, 12), (7, 6)

이 경우도 바닥에 같은 무늬의 화투가 나오지 않게 하며 칠 기회를 가장 많이 가지는 경우는 7장씩 나누어 가지고 3×7=21장을 뒤집어 놓은 후 6장씩 바닥에 깔고 칠 경우이다. 이론적으로 고스톱은 24명까지 함께 칠 수 있지만 각자 칠 수 있는 기회는 한 번뿐이다. 따라서 일반적으로 3명, 많아야 4~5명이 한다. 4명이 칠 경우는 5장씩 나누어 가진 후 5×4=20장을 뒤집어 놓고 8장을 깔고 치면 된다. 5명이 칠 경우는 4장씩 나누어 갖고 4×5=20장을 뒤집어 놓고 8장을 깔고 치면 된다. 그러나 각자 칠 기회가 5번 또는 4번뿐이므로 점수를 내기가 쉽지 않다. 따라서 대개는 3명만 치고 나머지는 일명 '광 팔기'를 하는 것이다.

전통놀이 고누의 확률

우리의 전통놀이에도 재미있는 것이 많이 있다. 잘 알려진 전통놀이로는 씨름, 강강술래, 차전놀이, 투호, 다리밟기, 고누, 팽이치기, 사방치기, 널뛰기, 그네뛰기, 돌차기, 칠교놀이, 윷놀이 등이 있다. 이런 놀이 중에는 수학적인 사고를 필요로 하는 놀이가 많이 있다. 특히 칠교놀이는 창의적인 사고와 집중력이 필요한 놀이이다.

여기서는 고누와 윷놀이에 담긴 수학에 대해 알아보자. 고누는 지방에 따라서 꼬누, 고니, 꼬니, 꼰, 꿘 등으로 불리며 땅에 그려서 노는 바둑이라는 뜻으로 '지기(地碁)'라고도 한다. 고누의 유래에 대해서는

단원 김홍도가 그린 〈고누〉.

정확하게 알려져 있지 않지만 10세기 초에 만들어진 것으로 보이는 황해도 청자가마터에서 고누판이 그려진 도자기를 만드는 데 쓰이던 물건이 발견된 것으로 보아 그 이전부터 전해 내려온 놀이임을 추측할 수 있다.

고누는 규칙에 따른 전략을 짜야 하기 때문에 아이들의 지능계발에 도움이 된다. 땅이나 종이 위에 말판을 그리고, 작은 돌이나 나무토막 몇 개로 말을 삼으면 되기 때문에 시간과 장소에 구애받지 않고, 별다른 준비 없이도 즐길 수 있다. 방법은 상대편의 말을 다 잡아먹거나, 상대편의 집을 다 차지하거나 혹은 상대편의 말을 움직이지 못하게 하면 이기는 것이다.

고누는 규칙에 따른 전략을 짜야 하므로 지능계발에 도움을 준다.

고누는 종류도 다양하여 밭고누, 강고누, 우물고누, 곤질고누, 네줄고누, 아홉줄고누, 짤고누, 장수고누, 꽂을고누, 호박고누, 팔팔고누, 불알고누, 사발고누, 패랭이고누, 자동차고누, 줄고누, 참고누, 포위고누, 왕고누 등 말판의 모양에 따라 여러 가지로 나뉜다.

이중에서 가장 잘 알려져 있는 것은 호박고누이다. 호박고누는 흙바닥이나 종이에 그림과 같은 놀이판을 그리고 고누에 사용될 말로 작은 돌이나 나뭇가지 또는 지우개 등을 세 개씩 준비하면 된다. 이때 자기 말을 놀이판 ㉠, ㉡, ㉢이나 ㉣, ㉤, ㉥에 놓는다.

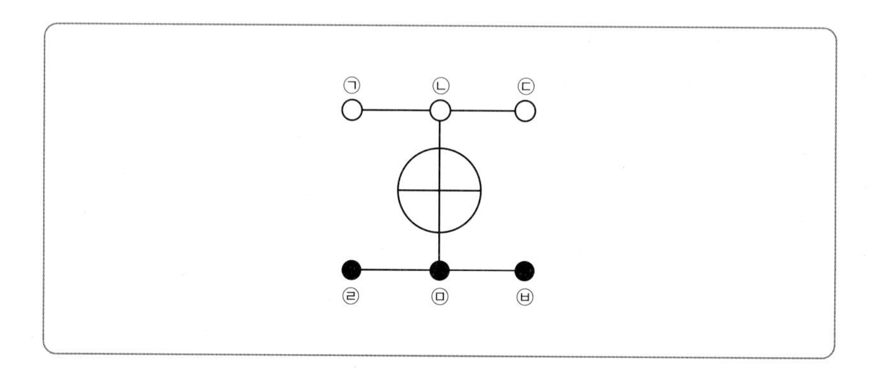

모든 준비가 되었으면 누가 먼저 말을 움직일 것일지를 정해야 하는데, 보통은 수가 높은 사람이 말을 나중에 움직인다. 그러나 수가 비슷한 경우에는 가위바위보 같은 방법으로 누가 먼저 할 것인지를 정하면 된다.

말은 한 번에 한 칸씩 움직이며, 원 안에서는 자유로이 움직일 수 있지만 처음 놓였던 진지에서 나오면 돌아갈 수도 없고 상대편 진지로 들어갈 수도 없다. 이때 말을 번갈아 두다가 더 이상 말을 움직일 수 없는 사람이 지는 것이다. 간단하지만 재미있고 수학적인 전략이 필요한 놀이이다. 다음 그림은 호박고누를 두는 방법을 나타낸 것이다.

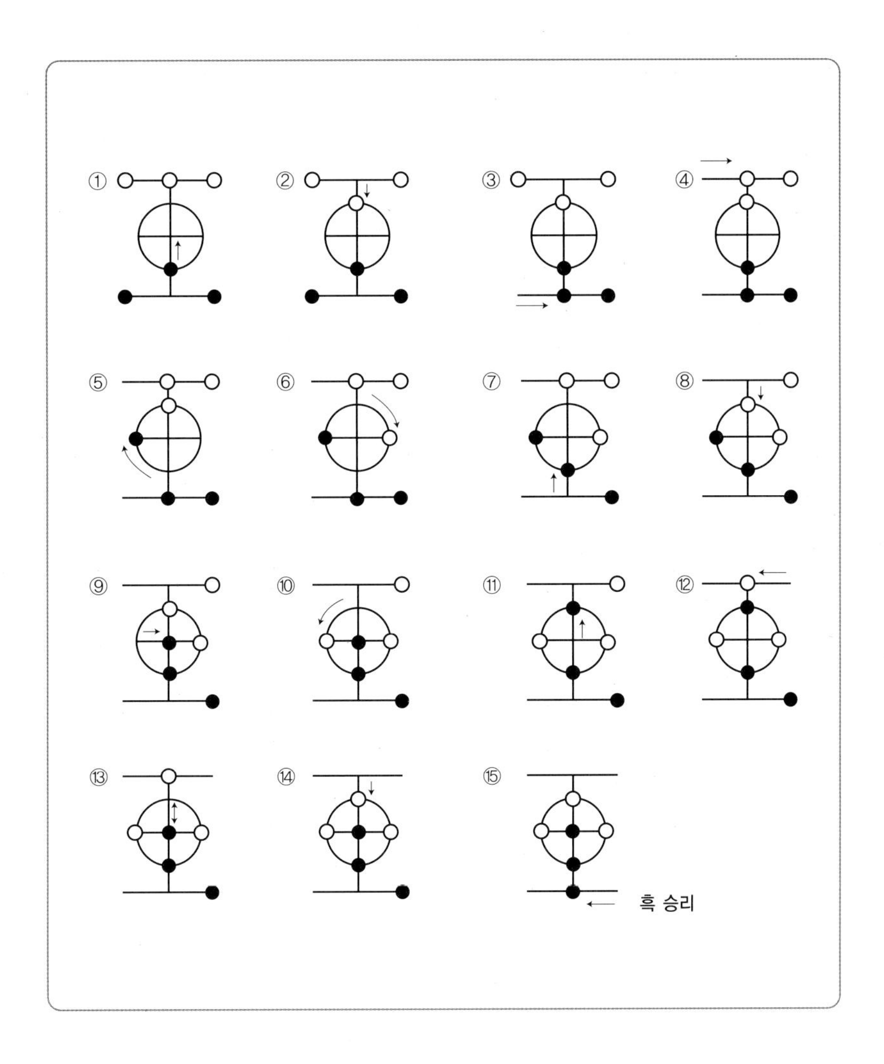

다음은 상대방 말을 잡을 수 있는 고누인 네줄고누에 대하여 알아보자. 상대방 말을 못 움직이게 하는 호박고누와는 달리 네줄고누는 지역과 규칙에 따라 다른데, 여기서는 말이 8개인 고누에 대하여 알아보자.

네줄고누의 규칙은 간단하다. 상대방의 말을 잡거나 더 이상 움직이지 못하게 하는 것이다. 즉, 상대방의 말을 모두 잡거나 막으면 이기는 것이다. 호박고누와 마찬가지로 말은 줄을 따라서 한 번에 전, 후, 좌, 우로 한 칸씩만 움직일 수 있고 대각선으로는 움직일 수 없다. 말을 움직이는 또다른 방법은 상대방 말을 잡을 때인데, 이때는 그림과 같이 반드시 붙어 있는 말을 하나 건너뛰어서 잡아야 한다.

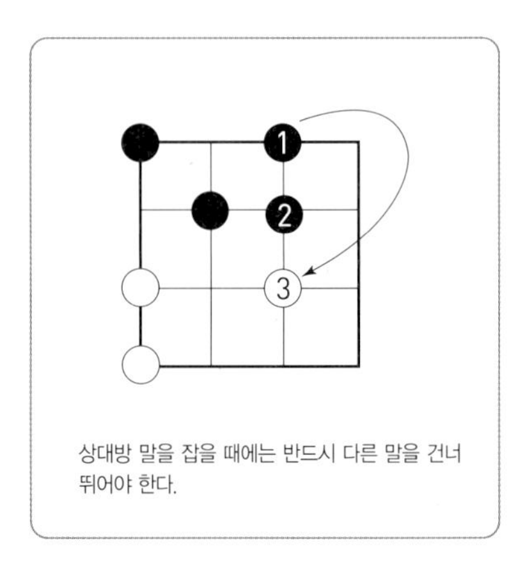

상대방 말을 잡을 때에는 반드시 다른 말을 건너뛰어야 한다.

오른쪽의 그림은 놀이를 시작하여 진행되는 과정을 나타낸 것이다. 먼저 ❶번 말이 ❺번 말을 건너뛰어 ⑤번을 잡았다. 백 차례에서는 ③번이 ⑦을 건너뛰어 ❼번 말을 잡았다. 이와 같은 방법으로 진행되어 마지막 그림에서 ❸번 말이 ❺번을 건너뛰어 ⑦번 말을 잡았다. 이제 백이 말을 움직일 차례인데, ⑧번 말을 움직이지 않으면 ❷번 말에게 잡히므로 반드시 움직여야 한다. 그런데 위로 움직이면 흑이 ❸번 말을 움직여서 ⑧번은 더 이상 움직일 수 없게 되므로 할 수 없이 밑으로 내려야 한다. 하지만 이 경우도 결국에는 움직이지 못하게 되고, ②번 말을 움직이면 ❺번에게 잡히고, ④번을 움직여도 결국 막히게 된다. 따라서 이번 게임에서는 흑이 이겼다.

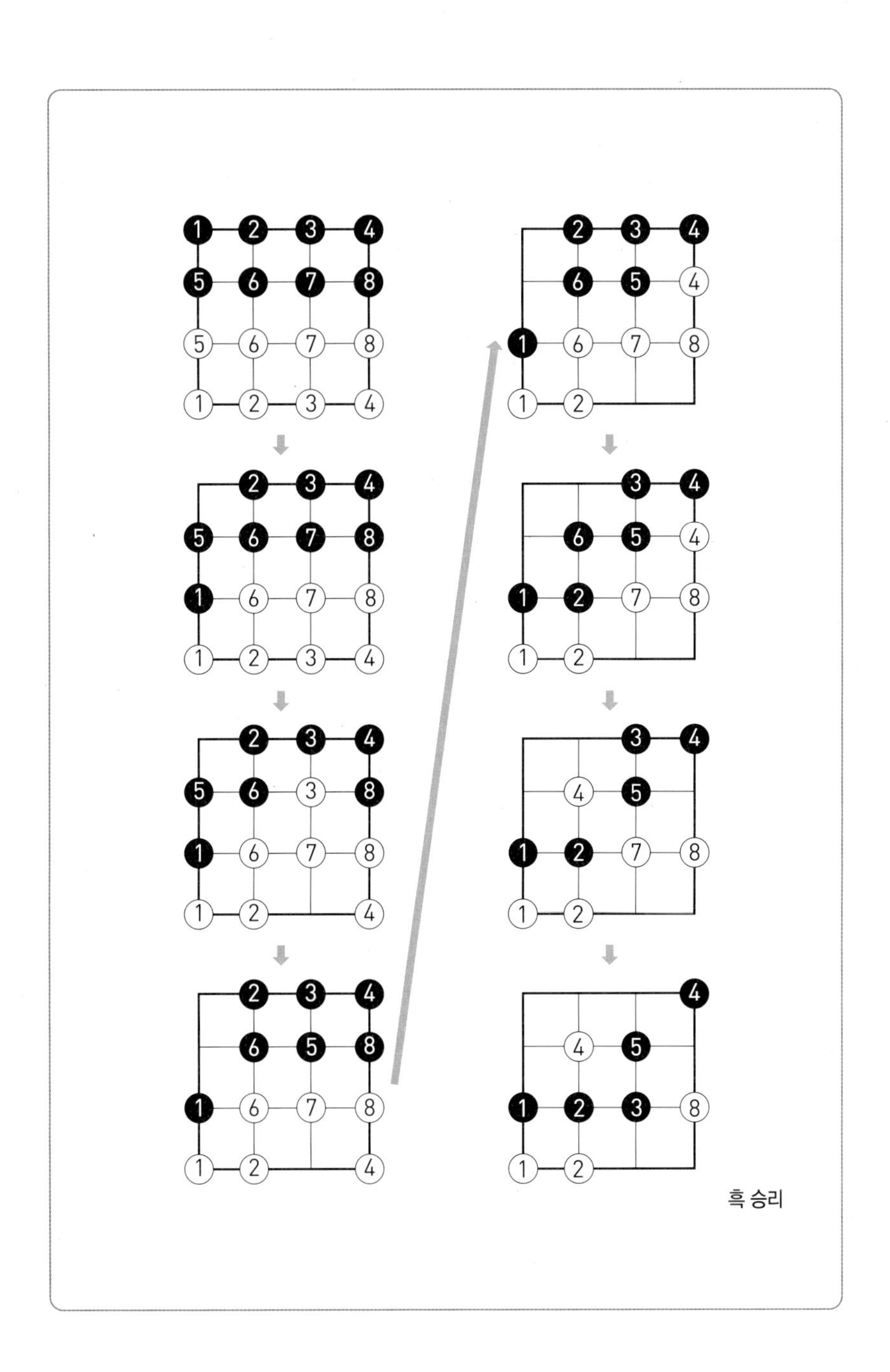
흑 승리

윷놀이의 확률

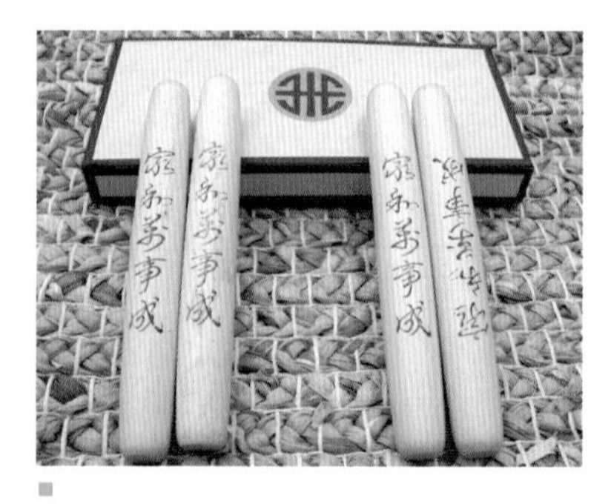

윷놀이는 여러 사람이 함께 즐길 수 있는 우리나라의 전통놀이이다.

고누는 2~4명이 할 수 있지만 윷놀이는 많은 사람이 함께 즐길 수 있다. 윷의 기원에 대해서는 정확한 기록이 남아 있지 않다. 성호 이익은 고려 때부터 비롯되었다고 했고, 육당 최남선은 신라시대 이전부터 있었다고 했다. 단재 신채호는 부여의 제가(諸加)인 마가(馬加:말), 우가(牛加:소), 저가(猪加:돼지), 구가(狗加:개)에서 유래되었다고 했다. 양을 가리키는 걸에 대한 유래는 밝혀지지 않았는데, 고조선의 정치제도였던 5가(五加:마가, 우가, 양가, 구가, 저가)를 보면 양이 포함되어 있는데 한자에 숫양을 결이라고 하고, 큰 양을 갈(羯)이라고 하였으니, 여기에서 걸이 나온 것으로 추측하고 있다. 이렇게 하면 돼지, 개, 양, 소, 말이 대략 크기 순서이고, 윷을 던져 각각이 나왔을 때 움직이는 거리는 이들 동물의 크기와 속도를 고려한 것이 된다. 이를테면 돼지를 뜻하는 도는 한 칸을 가지만 말을 뜻하는 모는 다섯 칸을 간다.

이제 윷놀이에서 도, 개, 걸, 윷, 모의 다섯 가지가 나오는 확률을 생각해보자. 윷가락은 원기둥을 반으로 잘라놓은 모양을 하고 있으므로 편의상 반지름의 길이는 1이고 높이는 a라고 하자. 그러면 윷가락 하나의 겉넓이에서 평면의 넓이는 직사각형의 세로의 길이는 2, 가로의 길이는 a이므로 $2a$이다.

곡면의 넓이를 구하기 위해서는 먼저 곡면을 폈을 때 세로의 길이를 알아야 한다. 그런데 이 경우 세로의 길이는 반지름의 길이가 1인 반원의 둘레의 길이와 같으므로 세로의 길이는 π이다. 따라서 곡면은 세로의 길이가 π이고 가로의 길이가 a이므로 넓이는 πa이다.

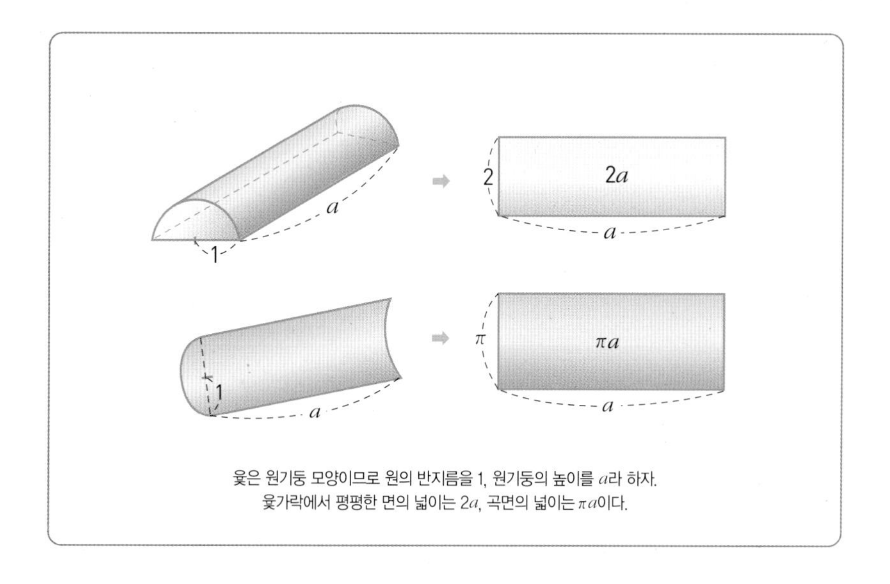

윷은 원기둥 모양이므로 원의 반지름을 1, 원기둥의 높이를 a라 하자.
윷가락에서 평평한 면의 넓이는 $2a$, 곡면의 넓이는 πa이다.

$\pi=3.141592\cdots$이므로 이것을 이용하여 넓이를 실제로 계산하기 쉽지 않기 때문에 여기서는 간단히 $\pi=3$이라고 하자. 그러면 곡면의 넓이는 $3a$이고, 윷가락 하나의 전체 겉넓이는 $2a+3a=5a$이다. 그리고 윷을 던졌을 때 윷가락의 평면이 위로 향하게 나오는 경우는 윷가락의 곡면이 바닥에 붙을 경우이고, 곡면이 나오는 경우는 평면이 바닥에 붙을 경우이다. 따라서 평면이 위로 향하게 나오는 경우의 확률은 전체 넓이

중에서 곡면이 바닥에 놓일 경우이므로 $\frac{3}{5}=0.6$이고, 곡면이 위로 향하게 나오는 경우는 전체 넓이 중에서 평면이 바닥에 놓일 경우이므로 $\frac{2}{5}=0.4$이다. 이 확률을 이용하면 윷놀이에서 도, 개, 걸, 윷, 모가 나오는 확률을 구할 수 있다. 그런데 이 확률은 윷가락 한 개의 경우를 생각한 것이므로 윷놀이에서 사용되는 4개의 경우 모두를 생각해야 한다. 이와 같은 경우의 수를 생각하여 각각의 경우의 확률을 구해보자.

먼저, 도가 나오는 경우는 한 개의 윷가락의 평면이 위로 향하고 나머지는 곡면이 위로 향하는 경우이므로 4개의 윷가락에서 1개를 선택하는 것과 같다. 즉, $\binom{4}{1}=4$가지이므로 도가 나올 확률은 다음과 같다.

도가 나올 확률 : $(0.4\times0.4\times0.4\times0.6)\times4=0.1536$

개가 나오는 경우는 네 개의 윷가락의 평면과 곡면이 각각 두 개씩 바닥에 붙을 경우이므로 4개 중에서 2개를 선택하는 것과 같다. 즉, $\binom{4}{2}=6$가지이다. 따라서 확률은 다음과 같다.

개가 나올 확률 : $(0.4\times0.4\times0.6\times0.6)\times6=0.3456$

걸이 나오는 경우는 도가 나오는 경우와는 반대이므로 확률은 다음과 같다.

걸이 나올 확률 : $(0.4 \times 0.6 \times 0.6 \times 0.6) \times 4 = 0.3456$

윷이 나오는 경우는 모든 윷가락의 곡면이 바닥에 붙을 경우이고 모는 이와 반대이며, 각각의 경우는 한 가지이므로 확률은 다음과 같다.

윷이 나올 확률 : $(0.6 \times 0.6 \times 0.6 \times 0.6) \times 1 = 0.1296$

모가 나올 확률 : $(0.4 \times 0.4 \times 0.4 \times 0.4) \times 1 = 0.0256$

실제로 윷놀이를 하다 보면 도, 개, 걸, 윷, 모가 앞에서 구한 확률과 거의 비슷하게 나온다는 것을 알 수 있다. 특히 윷놀이에서 돼지를 복돼지라고 하는 이유는 도가 나올 확률이 윷이 나올 확률과 비슷하기 때문이다.

14면체 주사위, 목제주령구

확률 하면 가장 먼저 떠오르는 것이 바로 주사위이다. 주사위는 정육면체의 각 면에 한 개부터 여섯 개까지 점을 찍어 마주보는 면의 눈의 합이 7이 되도록 만들어져 있다. 그런데 우리 조상들이 사용하던 주사위는 이와는 다른 것이었다. 목제주령구(木製酒令具)라고 불리던 이 주사위는 옛날 귀족들이 술자리에서 이것을 던져서 나온 글에 따라 벌칙을 주며 놀기 위해 사용했던 것이다. 중국이나 일본 등 동양에서는 물론 서양

14개의 면 중에서 6개 면은 정사각형이고 8개 면은 육각형인 목제주령구.

에서도 유례가 없는 것으로 알려져 있다.

목제주령구는 1975년, 신라 태자가 거처하던 동궁(東宮) 주변에 조경용으로 만든 안압지를 발굴하던 중 발견되었다. 참나무에 흑칠(黑漆)을 하여 만든 이 주령구의 높이는 4.8cm로 손에 딱 잡히는 크기였다. 그런데 이 주령구는 여느 주사위와는 달리 모양이 정육면체가 아니라 6개면은 정사각형이었고 8개면은 육각형인 14면체였다.

놀라운 것은 14면체인 이 주사위를 던지면 정다면체가 아님에도 불구하고 각 면이 나올 확률이 거의 같다는 것이다. 목제주령구를 실제로 측정한 결과 정사각형의 가로와 세로는 각각 2.5cm로 넓이는 대략 6.25cm^{2}이다. 또 그림에서와 같이 한 변의 길이가 4.1cm인 정삼각형의 각 꼭지점에서 0.8cm를 잘라내면 긴 변이 2.5cm인 육각형을 만들 수 있다. 이 육각형의 최대 폭은 3.25cm이고, 높이는 2.8cm이며, 넓이는 약 6.265cm^{2}이다. 따라서 목제주령구의 각 면이 나올 확률이 거의 같다.

실제로 정다면체는 정4면체, 정6면체, 정8면체, 정12면체, 정20면체 등 5개만이 수학적으로 가능하다. 그런데 정다면체가 불가능한 14면체의 각 면의 넓이를 거의 비슷하게 만들어 각 면이 나올 확률도 비슷하게 만든 것으로 보아 조상들의 수학 실력이 상당했음을 알 수 있다.

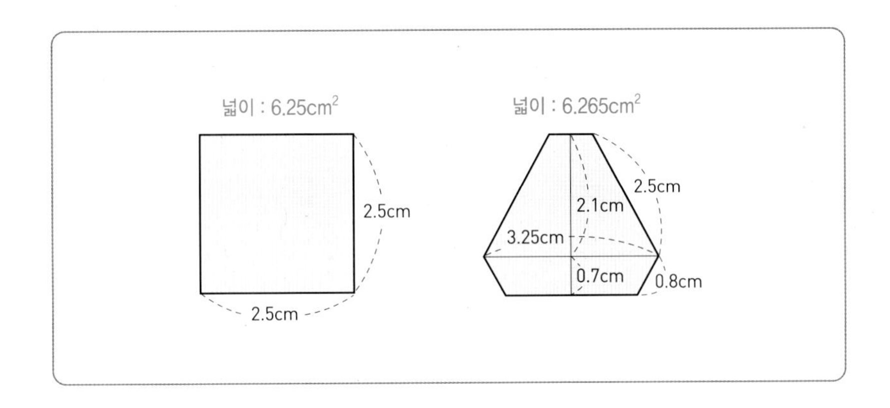

14면체인 목제주령구는 애석하게도 현존하지 않는다. 출토 직후 수분을 제거하고 보존하기 위해 자동으로 온도가 조절되는 특수 오븐에 하룻밤 동안 넣었는데, 오븐의 고장으로 온도가 과열되어 불타버렸다고 한다. 현재 박물관에 전시된 목제주령구는 보존처리를 하기 전에 주사위에 종이를 대서 실측을 하고 전개도를 만든 후 복제품을 제작한 것이다. 최첨단 기계를 사용하여 역사적 유물을 잘 보존하려던 시도가 오히려 해가 된 경우이다.

보물창고의 열쇠는 수학

암호와 정수론

공개키 암호체계(RSA)

인터넷 쇼핑이나 인터넷뱅킹을 할 때 사용하는 신용카드 번호와 비밀번호가 다른 사람에게 알려진다면 어떻게 될까? 요즘처럼 전자상거래나 은행거래와 같은 전자공학을 이용한 정보교환이 늘어날수록 암호를 이용한 보호 장치가 필요한데, 오늘날 가장 널리 쓰이는 암호는 공개키 암호체계(RSA)이다.

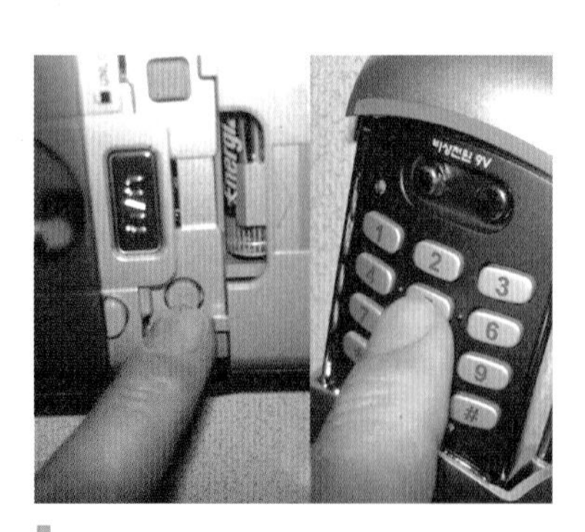

우리는 비밀번호와 암호를 일상적으로 사용하고 있다.

공개키 암호체계는 1978년 MIT 대학의 리베스트(Rivest), 샤미르(Shamir), 애들먼(Adleman) 세 사람이 소인수분해의 원리를 이용해서 만든 것으로 그들 이름의 머리글자를 따서 'RSA' 라 부른다.

두 소수 $p=47$과 $q=59$의 곱이 2773임을 계산하는 것은 쉽지만, 거꾸로 2773을 소인수분해하여 두 소인수 47과 59를 찾는 것은 쉬운 일이 아니다. 공개키 암호체계는 이 원리를 이용하여 아주 큰 두 소수 p, q를 비밀로 하고, 그의 곱 $n=pq$를 공개하는 방식이다. p와 q가 130자리이면 현재의 계산 방법과 컴퓨터로 이것을 푸는 데 약 한 달이 걸리며, 400자리이면 10억 년이 걸린다.

공개키 암호체계를 뚫을 수 있는 유일한 방법은 어떤 수를 빠르게 소인수분해하는 것이다. 그래서 암호를 연구하는 사람들은 이 방법을 찾기 위해 노력하고 있다. 결국 1994년 쇼어(Shor, P.)는 양자 소인수분해 계산법을 제시했다. 이론적으로, 이 계산법으로 130자리의 두 소수의 곱을 소인수분해하는 데 약 1시간 정도 걸리고, 400자리의 경우에는 24시간 정도 걸린다고 한다. 그러나 실제로 양자 소인수분해를 실행하기 위해서는 양자 컴퓨터(quantum computer)가 있어야 한다. 오늘날 선진국들은 이 컴퓨터를 개발하기 위해 노력하고 있는데 2010년 정도

공개키 암호체계를 만든 리베스트, 샤미르, 애들먼의 모습. 공개키 암호체계는 세 사람의 이름을 따 RSA라고 부른다.

가 되면 제작할 수 있을 것으로 추정하고 있다.

그런데 이 컴퓨터가 개발되어도 공개키 암호체계를 계속 사용할 수 있는 이유는 이 컴퓨터를 이용하여 기존의 소수보다 더 큰 소수를 더 많이 찾아 그것을 이용하여 암호를 만들 수 있기 때문이다. 따라서 컴퓨터가 아무리 좋아져도 결과는 같다.

〈큐브〉의 탈출암호, 소인수분해

공개키 암호에서 가장 중요한 것이 소인수분해인데, 소인수분해가 등장하는 〈큐브〉라는 재미있는 영화가 있다. 이 영화는 정체를 알 수 없는 폐쇄된 공간에 경찰관 쿠엔틴, 수학과 학생 리븐, 자폐증이 있는 카잔, 탈옥 전문가 렌, 여의사 할로웨이, 그리고 이 미로와 자신과의 관계를 이야기하지 않으려는 남자 워스가 갇히게 되면서 시작된다. 이들에게 주어진 과제는 어떻게든 살아서 이곳을 빠져나가야 하는 것이다. 그런데 이 큐브 안에는 무수한 함정과 장치들이 있어서 미로를 빠져나가려는 사람들을 죽게 한다. 뿐만 아니라 이 큐브의 외형을 설계한 주인공조차

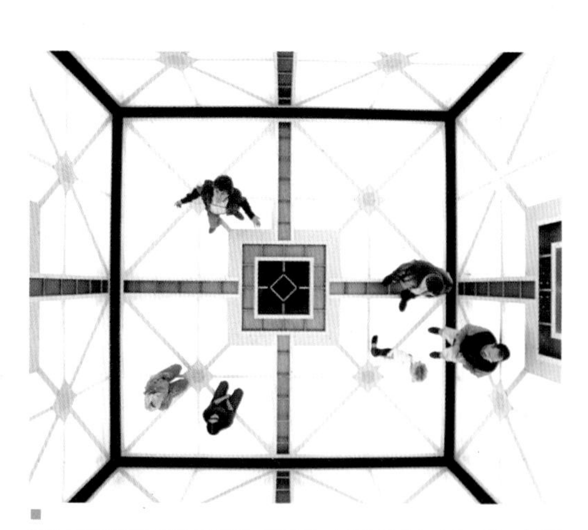

■ 영화 〈큐브2〉의 한 장면. 이 영화는 재미있는 수학적 주제를 가지고 만든 저예산 영화이다.

누가 왜 이런 공간을 만들었는지를 알지 못한다.

각 방에 갇힌 6명은 여러 가지 어려움을 극복하며 큐브의 개수가 26×26×26=17576개라는 것을 알아낸다. 각 방에는 3자리수 3개로 구성된 ID가 있는데, 이 3개의 ID는 각 방 안에 트랩이 있는지의 여부와 데카르트 좌표상에서의 방의 초기 위치, 그리고 움직이는 방향을 나타내고 있다. 절망한 그들 사이에서 리븐은 큐브 입구마다 새겨진 번호들에서 소수의 법칙으로 배열된 트랩이 있는 방과 없는 방을 알아낸다. 이를테면 방의 번호가 339, 127, 164라고 하면 이들을 각각 소인수분해했을 때,

$$339 = 3 \times 113,\ 127 = 127 \times 1,\ 164 = 4 \times 41$$

로 127이 소수이다. 그러면 이 방에는 죽음의 트랩이 있다는 것이다. 반면에 624, 147, 372와 같은 경우에는 모두 소수가 아니므로 트랩이 없는 방이다. 6명의 주인공들은 죽음의 고비를 여러 번 넘기고 어떤 방에 도착했다. 그런데 그 방은 처음 그들이 있던 방으로 큐브가 움직이고 있다는 것을 알게 되면서 일은 더 복잡하게 꼬여간다. 과연 모두 무사히 큐브를 빠져나갈 수 있을까?

단일환자방식을 이용한 알파벳 해독

숫자가 아닌 문장을 암호화하는 가장 기본적인 방법에는 단일환자방식이 있다. 이 방법은 문장에 사용된 단어를 적당한 규칙으로 재배열하여 처음 문장을 숨기는 방법이다. 이를테면 'I LOVE YOU' 라는 문장을 암호로 만들기 위해 각각의 알파벳을 적당한 규칙에 의하여 다른 알파벳으로 바꾸어 'Q RPDA LPX' 로 나타내는 것이다. 그런데 단일환자방식의 암호는 알파벳의 사용빈도를 알면 쉽게 해독할 수 있다. 즉, 영어의 일반적인 문장을 암호화하려면 알파벳의 사용빈도를 알아야 한다. 각 나라의 언어마다 자주 사용되는 문자들이 있다. 독일어, 영어, 프랑스어, 이탈리아어, 스페인어에는 E가 가장 자주 쓰이며, 포르투갈어에서는 A가 가장 많이 쓰인다. 반대로 독일어, 영어에서는 Z가 가장 드물고, 그밖의 언어에서는 W가 드물다.

영어에서 사용되는 알파벳의 사용빈도는 E가 12.51%, T가 9.25%, A가 8.04%, O가 7.6%, I가 7.26%, N이 7.09%, S가 6.54%, R이 6.12%, H가 5.49% 등이다. 따라서 E를 대신한 기호가 무엇인지 안다면, 해독작업은 한층 수월해질 것이다. 영어에서 가장 빈번하게 짝 지어지는 철자는 TH이며, HE, AN, IN, ER 등이 그 다음으로 많이 나타난다. 또한 사용빈도가 가장 높은 짧은 단어들은 THE, OF, AND, TO, A, IN, THAT, IS 순이다. 이와 같은 통계적 특성은 암호를 해독할 때 단어 사이의 구별을 도와준다.

위의 결과를 사용하여 다음의 암호문을 해독해보자.

WIA WAOJAHGWXHAU PC WIA CPPE YTE EHQTN VA ATKPL GHA QOJPHWGTW WP XU. QT NPHAG, VIAHA JAPJRA RQNA WIAQH WAG IPW, WIAL NAAJ QW CHPO FAWWQTF ZPRE YL XUQTF ZXJU VQWI RQEU PT WIAO.

여기에는 총 22개의 문자가 사용되었는데, 자주 쓰인 문자를 빈도수별로 구분하면 다음과 같다.

A(21회), W(16회), P(12회), Q(10회), H(9회), I(8회), T(8회), J(6회), E(5회), G(5회), U(5회)

이 결과로부터 우리는 A가 E, W가 T일 가능성이 가장 높음을 알 수 있다. 또한 W와 A가 빈도수가 가장 높은 단어인 THE에 사용되었다고 한다면 I는 H로 추정할 수 있다. 이와 같은 방법으로 암호문을 해독하면 몇 개의 글자를 제외하고는 해독이 되는데, 자주 사용되는 단어를 이용하여 암호를 해독하면 다음과 같다.

WIA WAOJAHGWXHAU PC WIA CPPE YTE

→ THE TEMPERATURES OF THE FOOD AND

EHQTN VA ATKPL GHA QOJPHWGTW WP XU.

→ DRINK WE ENJOY ARE IMPORTANT TO US.

QT NPHAG, VIAHA JAPJRA RQNA WIAQH WAG

→ IN CHINA, WHERE PEOPLE LIKE THEIR TEA

IPW, WIAL NAAJ QW CHPO FAWWQTF ZPRE YL

→ HOT, THEY KEP IT FROM GETTING COLD BY

XUQTF ZXJU VQWI RQEU PT WIAO.

→ USING CUPS WITH LIDS ON THEM.

다양한 형태의 암호

위와 같은 방법으로 한글도 암호화할 수 있다. 그런데 한글은 초성, 중성, 종성이 있기 때문에 자음과 모음의 빈도수에 약간의 차이가 있다. 초성의 경우 'ㅇ'이 9.984%, 'ㄱ'이 5.520%, 'ㄷ'이 4.232%, 'ㅅ'이 3.571%, 'ㅈ'이 3.093%이고, 중성의 경우 'ㅏ'가 9.649%, 'ㅣ'가 7.061%, 'ㅡ'가 6.234%, 'ㅗ'가 4.882%, 'ㅓ'가 4.401%이며, 종성의 경우 'ㄴ'이 5.905%, 'ㄹ'이 3.850%, 'ㅅ'이 2.404%, 'ㅇ'이 2.270%인

것으로 조사되었다. 영어와 마찬가지로 한글도 이런 사실을 이용하여 단일환자방식의 암호를 만들고 해독할 수 있다.

복잡해 보이지만 가장 간단한 형태의 단일환자방식 암호는 소설에도 많이 등장한다. 대표적인 것으로 명탐정 셜록 홈스 시리즈가 있다. 암호가 나오는 또다른 소설로는 1930년경 월터 깁슨이 쓴 추리 소설인 『그림자』도 있다. 『그림자』에 나오는 암호법은 다음과 같은데, 보다 복잡하게 만들기 위하여 네 개의 그림을 추가했다.

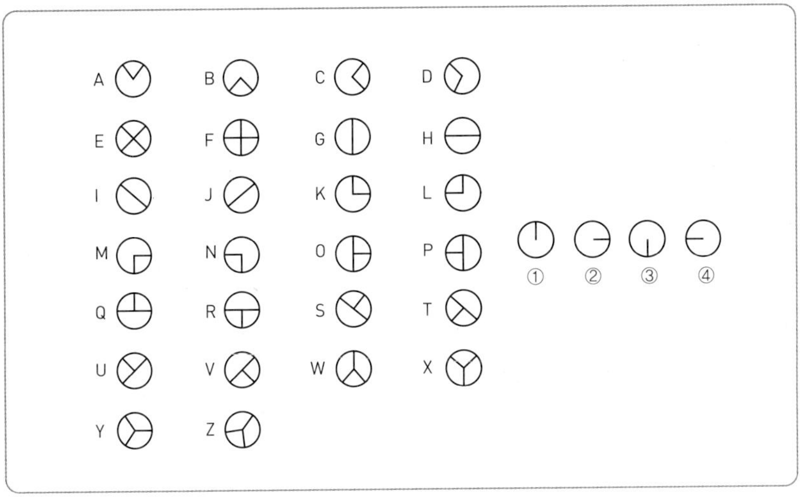

A B C D
E F G H
I J K L
M N O P
Q R S T
U V W X
Y Z

① ② ③ ④

추가된 그림은 모두 오른쪽으로 회전하는 것을 나타내는데, ①은 원 위치, ②는 90도 회전, ③은 180도 회전, ④는 270도 회전 후의 결과를 나타내는 것이다. 다음 그림은 이 방법으로 영어의 어떤 문장을 암호화한 것인데 각자 해독해보기 바란다.

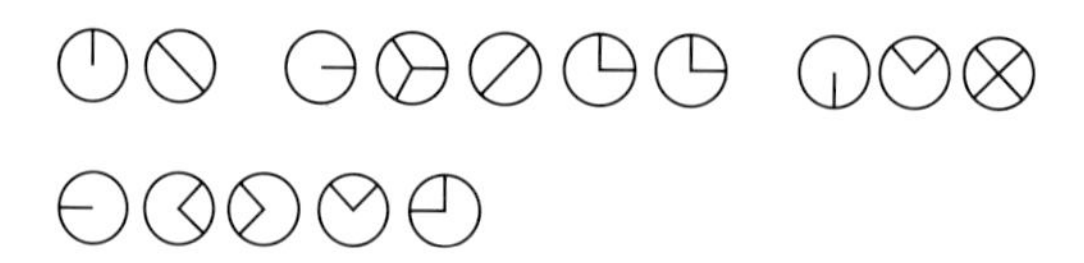

정수론을 토대로 한 암호학

마지막으로 단일환자방식을 포함한 모든 암호체계의 암호 방식에 대하여 간단히 알아보자. 암호 방식이란 정보 내용과 정보 운송자 사이에 존재하는 다양성을 이용해서 정보 내용과 정보 운송자 사이의 대응 관계를 제삼자에게 비밀로 하여 정보를 교환하는 방법을 말한다. 물론 정보를 교환하는 송신자와 수신자는 정보 내용과 정보 운송자 사이의 대응 관계, 즉 키를 사전에 알고 있어야 한다. 따라서 이 키가 제삼자에게 알려지지 않도록 주의해야 한다. 침입자로부터 정보를 보호하기 위한 암호 방식의 구성은 다음 그림과 같다.

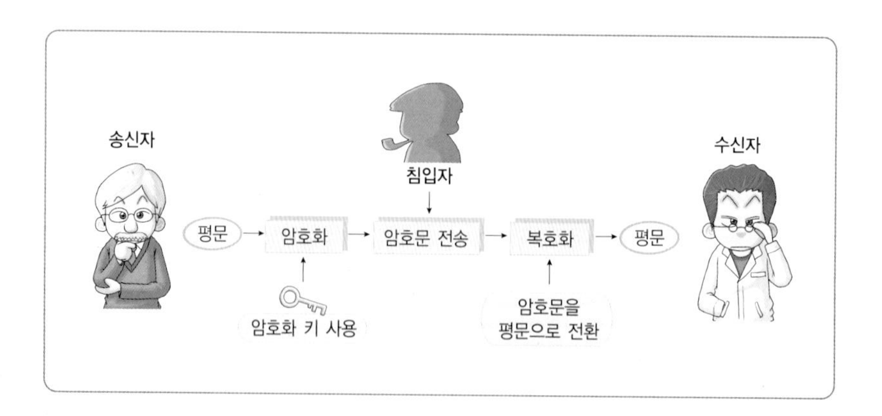

평문은 송신자가 수신자에게 전달하려는 정보내용으로 누구나 그 의미를 알 수 있는 정보이다. 송신자는 평문을 암호화 키와 암호 알고리즘을 적용시켜 암호문을 생성하여 수신자에게 전달한다. 암호문은 전송상태에서 그 내용을 알 수 없는 데이터이다. 수신자는 송신자가 전송한 암호문을 수신하여 복호화 키와 복호화 알고리즘을 이용하여 송신자가 전송한 암호문을 평문으로 복원할 수 있다.

일반적인 관용 암호 방식에서 암호화 키와 복호화 키는 동일하다. 따라서 송신자와 수신자는 비밀리에 키를 공유하여야 하며, 만약 이 키가 밝혀지면 암호문은 가치가 없어진다. 따라서 이 경우에는 키의 비밀이 가장 중요하다. 그러나 공개키 암호방식은 암호화 키와 복호화 키를 분리하여 암호화 키를 공개하고 복호화 키를 비밀리에 보관한다. 물론 공개 암호키로부터 비밀 복호화 암호키를 계산할 수 없어야 한다. 이와 같은 이유로 공개키 암호방식은 암호화 키를 공개함으로써 관용 암호 방식에서와 같이 키를 분배할 필요가 없다.

암호학은 수학 분야 중 기하학과 더불어 그 역사가 가장 오래된 과목인 정수론을 기본으로 구성된다. 정수론 중에서 중국인의 나머지 정리, 이산 대수 문제, 소인수분해 문제, 유한체 등이 암호학에 많이 이용되고 있다. 특히 약수와 배수 그리고 소수에 관한 성질이 암호화를 하는 가장 기초적인 과정에 이용되고 있다. 예를 들어, 평문을 암호화하는 데 아주 큰 소수를 이용했다면, 암호문을 해독하기 위하여 사용된 큰 소수를 찾아야만 한다. 양의 정수가 소수인지를 판정하는 문제는 암호학, 부호이론, 정보이론 등의 통신이론에서는 대단히 중요한 문제이다. 실제로 암호학의 소인수분해 문제나 이산대수 문제에서 사용되는 100자리 이상의 소수를 찾는 일은 대단히 중요한 문제로 많은 수학자들이 소수 판정 알고리즘을 연구하고 있다.

앞에서 설명한 것만으로 암호의 방식을 이해하기에는 충분하지 않을 것이다. 그러나 정보를 보호하고 이용하기 위하여 암호가 필요하다는 것은 누구나 알고 있다. 다만 그것이 수학에서 비롯되므로 접근하기가 용이하지는 않다. 어쨌든 암호는 보물창고의 든든한 자물쇠 같은 것이므로 암호에 좀더 적극적인 자세를 취하여 어렵게 얻은 지식과 정보, 재산을 한순간에 잃어버리는 일을 막아야 할 것이다.

불행했던 천재,
케플러

케플러는 1571년에 독일 슈투트가르트에서 태어났다. 그는 처음에 루터교회의 성직자가 되려고 했지만 자신의 재능이 과학에 있다는 것을 알고 천문학을 공부하기 시작했다. 그는 20대 초반이었을 때 오스트리아의 그레츠 대학교에서 천문학 강사를 지냈으며, 5년 뒤에 덴마크의 유명한 천문학자인 브라헤(Brahe)의 조수가 되었다.

그는 지칠 줄 모르는 열정으로 스승의 천문학 관찰 자료를 연구하여 결국 행성에 대한 세 가지 운동법칙을 발견하였다. 이 법칙의 발견은 수학과 천문학의 역사에 획기적인 사건으로 기록되고 있다. 뉴턴이 그것을 증명하려고 노력하던 중에 현대적인 천체 역학이 탄생했기 때문이다.

그러나 케플러는 사생활에 있어서는 아주 불행했다. 그는 4살 때 수두에 걸려 왼쪽 눈의 시력을 거의 잃었고, 허약한 체질 때문에 평생을 힘들게 지냈다. 그의 결혼은 계속적인 불행의 씨앗이었다. 결혼을 하여 아이를 낳았는데 그 아이는 수두로 사망하였으며 그의 아내는 미쳐서 죽었다. 또 가톨릭교도들에 의하여 그레츠 대학의 강사 자리를 빼앗겼고, 그의 어머니는 마녀 재판에 회부되었다가 간신히 구출되었고 그 자신도 이단으로 몰릴 뻔하였다.

그 후에 케플러는 두 번째 결혼을 하게 되는데, 첫 번째 결혼의 실패로 쓰디쓴 경험을 했던 그는 열한 명의 신부 후보 중에서 장단점을 고려하여 신중하게 상대자를 골랐지만 결국 첫 번째 결혼생활보다 더 비극적이었다고 한다. 또한 그의 임금은 언제나 체불되었으며, 수입을 늘리기 위하여 별점을 쳐주기도 하였다. 그러다가 그는 밀린 봉급을 받기 위하여 여행하던 중 얻은 열병으로 1630년 59세의 나이로 죽었다.

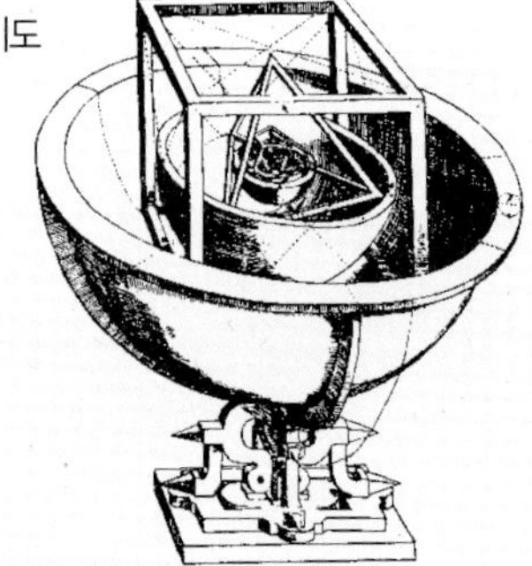

2장

수학으로 풀어보는 '자연의 비밀'

Love=2
+ 2 +
2V
8<

과일은 왜 원형이고, 눈은 왜 육각형일까?

케플러의 추측과 디도의 문제

과일을 쌓는 방법

과일가게에 가면 둥그런 과일들을 정사면체 모양으로 쌓아 올린 것을 볼 수 있다. 이것이 최적의 쌓기라는 것은 굳이 수학을 빌리지 않아도 누구나 알고 있다. 하지만 수학자들은 뻔해 보이는 문제에 대해서도 명확한 답변을 요구하는 경우가 있다. 과일을 정사면체 모양으로 쌓아 올리는 것이 최적이라는 이 분명하고도 당연한 사실이 바로 '케플러의 추측'이라는 유명한 수학문제이다.

정사면체 모양으로 과일을 쌓아놓은 모습. 이것을 수학적으로 '최적의 쌓기'라고 부른다.

이 문제는 영국의 탐험가 월터 롤리(Walter Raleigh, 1552~1618)에 의해 만들어졌다. 그는 1590년대 말 항해를 위해 배에 짐을 싣던 중, 자신의 조수였던 토머스 해리엇(Thomas Harriot)에게 배에 쌓여 있는 포탄의 모양만 보고 그 개수를 알 수 있는 공식을 만들라고 했다. 뛰어난 수학자였던 해리엇은 특정한 모양의 수레에 쌓여 있는 포탄의 개수를 알 수 있는 간단한 표를 만들었다. 그는 특정 모양으로 쌓여 있는 포탄의 개수를 계산하는 공식을 만들었을 뿐만 아니라, 배에 포탄을 최대한 많이 실을 수 있는 방법을 찾으려고 했다. 그리고 결국 자신이 이 문제를 해결할 수 없다고 생각하여, 당시 최고의 수학자이자 천문학자였던 요하네스 케플러(Johannes Kepler, 1571~1630)에게 편지를 보냈다.

눈의 결정구조

케플러는 이 문제를 1611년 자신의 후원자에게 헌정한「눈의 6각형 결정구조에 관하여」라는 논문에서 처음으로 거론했다. 이 논문에서 케플러는 다음과 같은 논리로 눈의 결정이 6각형으로 되어 있는 이유를 설명했다.

눈의 결정은 6각 대칭구조를 가지고 있다.

"모든 눈송이는 애초에 6각 대칭구조를 가진 조그만 덩어리로 탄생하여 대기를 통과하는 도중에 크기가 커진 것이다. 대기에서는 바람과 온도, 습도 등이 계속적으로 변하므로 성장 조건에 따라 미세한 부분은 달라질 수도 있지만 눈송이의 중앙부 덩어리는 크기가 워낙 작기 때문에 모든 방향으로 균일하게 자라나서 6각 대칭구조가 그대로 보존된다."

이 논문에서 케플러는 타고난 그림솜씨로 눈의 결정구조를 정확하게 그려냄으로써 결정학의 기틀을 마련했다.

동전을 배열하는 방법

케플러는 이 논문에서 평면을 일정한 도형으로 채우는 문제를 생각했다. 평면을 완전하게 채울 수 있는 가장 간단한 도형은 정삼각형이다. 이를 어떻게 증명할 수 있을까?

같은 크기의 동전 여러 개를 판판한 탁자 위에 올려놓고 이리저리 움직여 붙여보자. 동전의 밀도, 즉 전체 공간에 대해 동전이 차지하는 공간의 비율을 가장 높게 배열하는 방법은 각 동전이 6개의 서로 다른 동

전으로 둘러싸이도록 하는 것이라는 것을 알 수 있다. 따라서 동전들을 정육각형 형태로 규칙적으로 배열하면 평면을 덮을 수 있다. 정육각형의 일부는 원이 차지하고 있고, 일부는 빈 공간으로 남아 있다. 정육각형은 정삼각형으로 분할할 수 있기 때문에 삼각형의 밀도를 계산하기만 하면 이 배열의 밀도를 구할 수 있다. 사실 이것은 삼각형의 넓이와 원의 넓이를 구하는 방법을 알기만 하면 쉽게 구할 수 있다.

계산의 편의를 위하여 동전의 반지름을 1이라고 하면, 평면을 합동인 정삼각형으로 덮을 수 있기 때문에 정삼각형 하나만 살펴보면 충분하다. 동전 3개가 모일 때 그 중심을 연결하면 한 변의 길이가 2인 정삼각형이 된다. 피타고라스의 정리를 이용하여 정삼각형의 높이와 넓이를 구하면 모두 $\sqrt{3} \approx 1.732$이다.

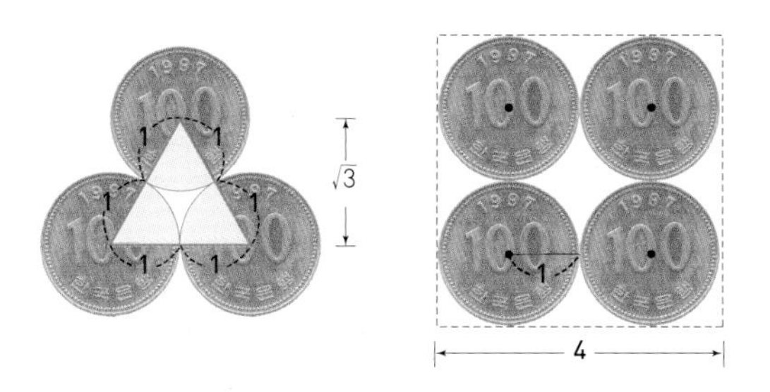

밀도는 정삼각형에서 원으로 덮인 부분을 전체 삼각형의 넓이로 나눈 것이다. 정삼각형의 한 각의 크기는 $60°$이므로 세 원의 $\frac{1}{6}$씩이 정삼각형에 포함되어 있고, 그 부분이 모두 3개이므로 정삼각형에 포함되어 있는 부분의 넓이는 $\frac{3}{6}\pi \approx 1.571$이다. 그리고 원으로 덮인 부분을 전체 삼각

독일의 수학자 케플러. 그는 천문학에도 능통하여 케플러신성(초신성)을 발견하기도 했다.

형의 넓이로 나누면 밀도는 약 $\frac{1.571}{1.732} = 0.907$임을 알 수 있다. 결국, 동전을 정육각형 모양으로 배열하면 평면의 약 90.7%를 덮을 수 있다. 마찬가지 방법으로 계산하면 동전을 정사각형 모양으로 배열하여 평면을 덮을 때의 밀도는 약 0.785이므로 평면의 약 78.5%를 덮을 수 있다는 것을 알 수 있다.

케플러의 추측

케플러는 물질을 구성하는 작은 입자들의 배열 상태를 연구하던 중에 부피를 최소화시키려면 입자들을 어떻게 배열시켜야 할지를 생각했다. 모든 입자들이 공과 같은 구형이라고 한다면 어떻게 쌓는다 해도 사이사이에 빈틈이 생긴다. 문제는 이 빈틈을 최소한으로 줄여서 쌓인 공이 차지하는 부피를 최소화시키는 것이다. 케플러는 이 문제를 해결하기 위해 여러 가지 다양한 방법으로 그 효율성을 일일이 계산해보았지만, 끝내 결론을 내리지 못하고 추측만을 남겨놓았다.

'케플러의 추측'은 약 400년 동안이나 수학자들을 괴롭히다가, 결국 1998년에 미시간 대학의 토머스 헤일스(Thomas Hales)에 의해 증명되었다. 그러나 수학적 방법만을 사용한 것이 아니고 상당 부분을 컴퓨터에 의존했다. 세계적인 베스트셀러 『페르마의 마지막 정리』의 저자인 사이먼 싱(Simon Singh)은 '케플러의 추측'을 이렇게 평가했다.

"페르마의 마지막 정리를 이을 만한 문제는 그에 못지않은 흥미로움과 매력을 지니고 있어야 한다. '케플러의 추측'이 바로 그와 같은 문제이다. 단순해 보이지만 막상 풀려고 하면 문제의 어려움에 압도당하고 만다."

케플러의 추측에 좀더 접근하기 위해서는 먼저 최소 겉넓이 문제를 집고 넘어가야 한다. 수박을 비롯한 거의 모든 과일은 왜 둥근 모양을 하고 있을까? 자연은 항상 뛰어난 수학자이다. 자연이라는 수학자는 과일이 과육에 품고 있는 수분을 빼앗기지 않으려면 어떤 모양을 하고 있어야 할지를 알고 있었다. 어떤 물체의 수분 손실은 그 물체의 겉넓이에 비례한다. 즉, 물체를 덮고 있는 표피가 넓으면 넓을수록 증발로 인해 더 많은 수분을 빼앗긴다. 따라서 모든 과일은 과육의 부피를 최대로 하며 겉넓이를 가장 작게 하는 쪽으로 진화하게 되었다. 그 답이 바로 지금과 같은 둥근 모양의 과일이다. 이 문제를 우리는 '디도의 문제(Dido's Problem)'라고 한다.

대부분의 과일이 둥근 이유는 표면적을 최소화하여 수분 증발을 막기 위해서다.

디도 여왕과 사람들이 쇠가죽으로 가장 넓은 땅을 표시하고 있다.

디도의 문제

이야기는 지금부터 2800년 전 고대 그리스 시대로 거슬러 올라간다. 페니키아의 폭군 피그말리온의 여동생 디도 여왕은 폭정을 피해 국외로 망명하여 카르타고에 정착하게 되었다. 그곳의 원주민들은 디도 여왕에게 쇠가죽을 주며 그것으로 둘러쌀 수 있는 넓이의 땅만큼만 그녀에게 팔겠다고 했다. 곰곰이 생각에 잠겼던 디도 여왕은 쇠가죽을 가늘게 잘라 긴 끈으로 만든 다음 이 끈으로 자기 땅의 경계를 만들기 시작했다. 그런데 모든 사람들이 정사각형 모양으로 땅의 경계를 만들 것이라고 생각했던 것과는 달리 여왕은 원 모양으로 경계를 만들었다. 총명한 디도 여왕은 주어진 길이의 곡선 중에서 가장 넓은 넓이를 둘러싸는 것은 원이라는 수학적 사실을 알고 있었다. 그 이후로 일정한 길이로 최대의 넓이를 갖는 도형에 관한 문제를 디도의 문제라고 부르게 되었다.

그러나 더 이상 의문의 여지가 없었던 디도의 문제의 정확한 증명은 19세기가 되어서야 우여곡절 끝에 스위스 수학자 슈타이너(Jacob Steiner, 1796~1863)에 의해 이루어졌다. 그는 사영기하학에 커다란 공헌을 했는데, 그의 방법은 2차원 평면뿐만 아니라 모든 차원의 유클리드 공간에도 적용되므로 주어진 넓이의 $n-1$차원 닫힌곡면 중 가장 큰 부피를 둘러싸는 것은 n차원 공이라는 좀더 일반적인 사실이 성립하게 된다. 여기서 닫힌곡면이란 간단히 말하면 평면 위의 어떤 영역이 선으로 연결되어 뚫린 곳이 없다는 의미이다.

스위스 수학자 슈타이너는 '디도의 문제'를 정확하게 증명해냈다.

한편 평면에서 디도의 문제가 해결된 뒤 수학자들은 이것을 곡면으로 확장하려는 시도를 했다. 그리하여 1933년에 독일에서 태어난 영국의 수학자 라도(Richard Rado, 1906~1989)가 이 문제를 해결했다.

비누막의 극소곡면

이와 같은 원리를 가장 잘 설명하고 있는 것은 비누막이다. 사실 이 원리를 설명하기 위해서는 '극소곡면의 원리'라는 고차원적인 수학이 필요하지만 여기서 자세한 내용을 소개하지는 않겠다. 다만 이 원리가 실제로 적용되는 비누막을 간단히 설명하는 것으로 대신하자. 비눗물로 비누막을 만들면 비누막은 곡면을 가능하면 작게 형성하려는 극소곡면 상태를 유지하려 한다. 또한 약간 변형해서 곡면의 모양을 크게 했을지라도 금방 원상태인 극소곡면 상태로 돌아간다.

이런 성질을 이용하여 만든 대표적인 건축물은 독일의 뮌헨 올림픽 경기장이다. 뮌헨 올림픽 경기장의 지붕은 프라이 오토가 이끄는 슈투트가르트 대학의 한 연구소가 디자인했다. 그 연구소 직원들은 경기장을 멋지기보다는 가장 단순한 형태로 디자인하기를 원했다. 그래서 그들은 어릴 적 놀잇감이었던 비눗방울에 주목하게 되었다. 당시 슈투트가르트 연구소의 연구원들은 비눗물과 철사를 이용한 수천 번의 실험을 한 끝에 올림픽 경기장에 가장 알맞은 비누막 형태를 골랐다고 한다.

비누막의 원리를 이용하여 설계된 독일의 뮌헨 올림픽 경기장 지붕. 마치 경기장 지붕에 거대한 비누막을 친 것 같다.

쓸데없는 것들에 인생을 걸고 연구하는, 어찌 보면 어리석어 보이기까지 하는 수학자들이지만 결국 그런 수학자들이 만들어놓은 것들은 현실에서 너무도 아름답고 유용하게 사용되고 있다.

시간은 수학을 따라 흐른다

윤년과 윤초

인간의 새로운 터전, 달

2024년이면 달에 사람이 살 수 있다고 한다. NASA의 발표에 따르면 2020년부터 달에 기지를 건설하기 시작하여 2024년부터 사람들을 상주시킨다는 계획이다. 이것이 실현된다면 달 기지는 인간이 우주로 나아가기 위해 필요한 기술을 시험하는 곳이 될 것이며, 가까운 미래에는 달에 옥토끼가 아닌 인간이 사는 시대가 올 것이다.

우리나라도 달 탐사 계획을 세웠다. 과학기술부는 2007년 11월 19일 제4회 우주개발진흥 실무위원회를 열어 계획을 발표했다. 2017년까지 300톤급 발사체를 자력으로 발사하고, 2020년에는 달 탐사 궤도위성을 발사하며, 2025년에는 달 탐사 착륙선을 쏘아 올리는 등 명실상부한 우주강국의 반열에 진입한다는 내용을 골자로 한 '우주개발사업 세부실천

로드맵'을 발표했다. 이 로드맵은 같은 해 6월에 수립된 '우주개발진흥 기본계획'에 따른 것으로 우주개발사업의 세부목표와 추진일정, 우주기술 확보 전략을 구체화하고 향후 우주개발사업에 대한 청사진을 담고 있다. 로드맵은 인공위성과 발사체, 우주탐사, 위성활용 등 4가지로 구성되며, 정부는 앞으로 연도별 세부 시행계획을 세워 4가지 사업을 추진해나갈 방침이다. 우주탐사를 중장기적으로 추진한다는 방침 아래 2017년에 달 탐사위성(궤도선) 1호 개발 사업에 착수해 2020년 발사하고, 2021년에는 달 탐사위성(착륙선) 2호 개발 사업에 착수, 2025년 쏘아 올린다는 계획이다.

과학적인 면에서 달은 지구의 유일한 위성으로 평균 38만 4400km 거리에서 지구 주위를 서에서 동으로 공전한다. 달의 크기는 지구의 $\frac{1}{3}$ 보다 작으며, 적도의 반지름은 약 1,738km 정도이다. 질량은 지구의 $\frac{1}{81.3}$에 불과하며 중력은 지구의 $\frac{1}{6}$이고, 태양빛을 반사해 빛을 내지만 반사율, 즉 받은 빛을 반사하는 비율은 0.073에 불과하다. 달의 밝기는 주로 달 표면의 기복과 이로 인해 생기는 그림자의 양에 따라 달라지므로 위상 주기에 따라 변한다.

과학적 이해의 대상으로서가 아닌 밤하늘을 밝혀주는 감성적 대상으로 달을 보면, 달은 우리에게 많은 것을 전해준다. 특히 달은 어느 민족에게나 동경의 대상이었기 때문에 달에 얽힌 설화와 전설이 많다.

음력의 탄생

달은 과학적으로는 시간을 측정하는 기준이 되기도 하지만, 오랫동안 인류의 심리적 안식처 역할을 해왔다.

인류가 달을 중요시했던 큰 이유 중 하나는 달로 시간을 측정했기 때문이다. 달이 지구를 한 바퀴 도는 30일을 한 달로 하는 것이 음력인데, 정확하게는 29.53일이다. 따라서 음력의 날짜와 달의 위상 사이에는 시간 차이가 나게 되고 심한 경우 이틀 정도 차이가 난다. 이런 차이를 메우기 위한 것이 윤달이다. 윤달이 있는 해를 윤년이라고 하는데, 특히 2006년과 같은 윤년을 쌍춘년이라고 한다.

음력으로 2006년은 양력 1월 29일부터 2007년 2월 17일까지인데, 7월 윤달이 끼면서 1년이 385일이 된다. 역술인들은 양력을 기준으로 입춘인 2006년 2월 4일과 2007년 2월 4일이 모두 음력으로 2006년 안에 있기 때문에 쌍춘년이라 하며, 봄의 왕성한 기운을 상징하는 입춘이 두 번 들어 있는 해인 만큼 결혼에는 더없이 좋은 해라고 주장한다. 하지만 쌍춘년에 관한 이런 주장은 근거 없는 속설일 뿐이다.

음력의 윤달과 같은 것이 태양력에도 있다. 하지만 태양력에서는 한 달을 통째로 끼워 넣는 대신에 특정한 해에 하루를 첨가하는 윤년을 사용하고 있다. 윤년을 이해하기 위해서는 달력의 역사를 알아야 한다. 이

번에는 달력의 역사에 대하여 알아보자.

카이사르는 오늘날 우리가 사용하고 있는 것과 같은 형식의 달력을 최초로 고안했다.

카이사르의 달력

달력의 근본 목적은 시계와 같이 시간을 측정하기 위한 것이다. 시계는 시, 분, 초를 측정하는 데 비하여 달력은 그보다 긴 시간인 년, 월, 일을 측정한다. 오늘날 우리가 사용하고 있는 것과 같은 형식의 달력은 로마의 정치가였던 카이사르(Gaius Julius Caesar, BC 100~44)에 의하여 고안된 것으로 1년을 12달로 나누고 각각의 달에 31일과 30일을 번갈아 사용했다. 1년이 12달인 이유는 1년에 달의 삭망(朔望)이 12번 일어나기 때문이었다. 옛날에도 1년을 365일로 계산했는데, 지금의 달력과 다른 점은 현재의 3월이 당시에는 1년을 시작하는 첫 달이었다. 3월이 1년을 시작하는 달이었던 흔적은 지금도 찾아볼 수 있는데, 현재의 10월이 당시에는 8월이었기 때문에 8을 나타내는 영어의 접두사 octo가 붙어서 October라고 한다. 어쨌든, 각 달마다 31일과 30일을 반복하여 사용하면 마지막 달에는 하루가 부족하게 된다. 그래서 당시에 마지막 달이었던 현재의 2월은 29일이 되었다. 또한 그는 자기가 태어난 7월을 자신의 이름인 Julius라 불렀는데, 이것이 오늘날 7월을 뜻하는 July가 되었다.

그 후 카이사르의 조카이자 로마 초대 황제였던 아우구스투스(Augustus, BC 63~AD 14)가 삼촌과 마찬가지로 자기가 태어난 8월도 일수가 많아야 한다고 생각하여 원래 30일이었던 것을 2월에서 하루를 빌려와 8월에 하루를 더하고 그 달을 자신의 이름을 따서 August라고 이름 붙였다. 그래서 8월이 31일이 되었고, 2월은 28일이 되었다.

아우구스투스는 자신이 태어난 달인 8월의 일수가 더 많아야 한다고 생각하여 30일에서 31일로 늘렸다.

카이사르의 달력에 의하면 1년은 $365\frac{1}{4}$이고, 이것은 지구가 태양을 한 바퀴 도는 데 걸리는 시간이다. 여기에 나타나는 $\frac{1}{4}$일은 4년에 한 번씩 2월이 29일이 되는 윤년으로 그 차이를 메우고 있다. 카이사르의 달력에 의하면 윤년을 사용해도 지구가 태양의 주위를 한 바퀴 도는 1년에 11분의 차이가 났다. 이것이 처음에는 별 차이가 없었지만 약 2000년이 지난 후에는 22,000분, 약 366.7시간이 차이가 났다. 이것은 약 15.3일이 된다. 이것을 교황 그레고리우스 13세(Gregorius XIII, 1502~1585)가 고쳤는데, 오늘날 우리가 사용하고 있는 달력이 바로 1582년 교황 그레고리우스 13세가 제정한 '그레고리력'이다. 그러나 365일은 태양이 황도상의 춘분점을 지나서 다시 춘분점까지 되돌아오는 1태양년인 약 365.2422일보다 짧다.

그레고리력

KALENDARIVM
GREGORIANVM
PERPETVVM.
CVM PRIVILEGIO SVMMI
Pontificis, & aliorum Principum.
ROMAE,
Ex Typographia Dominici Basae.
M D LXXXII.
SVPERIORVM PERMISSV.

로마 교황의 그레고리력 시행령이 발표된 간행물.

가톨릭교회에서 부활절은 중요한 기념일이다. 이 부활절을 춘분 뒤 첫 보름 다음 일요일로 정했기 때문에 춘분은 매우 중요했다. 하지만 325년 니케아 종교회의 당시 3월 21일이었던 춘분이 16세기 중엽이 되었을 때는 3월 11일로 바뀌었다. 이에 따라 교회에서는 부활절 날짜를 고정하는 문제가 심각하게 대두되었다. 그래서 4년마다 윤년을 두되, 100으로 나누어지는 해를 평년으로 하고 400의 배수인 1600년, 2000년 등은 윤년으로 정하게 되었다. 그래서 2000년, 2004년, 2008년에도 2월은 29일까지 있다. 이런 날에 태어난 사람은 매 4년마다 자기 생일이 돌아온다. 마치 올림픽이나 월드컵이 열리듯 생일을 지내는 것이다.

그레고리력에 의하면 400년 중 평년은 303번 나타나고, 윤년은 97번 나타나며 1년은 평균 365.2425일이다. 하루 24시간을 초로 환산하면 86,400초이므로 실제 1태양년과의 시간 차이는 겨우 25.92초 정도이다. 따라서 그레고리력이 제정된 1582년부터 $\frac{86400}{28.92} \fallingdotseq 3333.33$년 뒤에야 태양년보다 하루 앞서게 된다. 따라서 1582+3333.33년 뒤, 즉 4916년은 윤년이 되는 4의 배수임에도 불구하고 평년이 된다. 여러분이 4916

년까지 살 수 있다면 그 해의 달력에서 2월이 28일뿐이라는 것을 볼 수 있을 것이다.

달력에서 각 달의 일수는 변하지만 일주일은 7일로 고정되어 있고, 1년 365일은 모두 52주로 되어 있다. 그런데 365를 7로 나누면 52주와 1일이 남는다. 이런 사실로부터 올해 달력을 보고 다음 해의 특정한 요일을 알 수 있다. 이를테면 올해 1월 1일이 화요일이었다면 내년 1월 1일은 하루 늦은 수요일이 된다. 그런데 윤년이라면 1년이 366일이므로 이틀 늦은 목요일이 되는 것이다.

앞에서 살펴본 바와 같이 현재 우리가 사용하고 있는 태양력과 음력 모두 약간의 오차가 있다. 따라서 보다 정확하고 간명한 달력이 필요했다. 그래서 현재의 그레고리력을 개정하려는 시도가 1931년에 제네바에서 있었다. 많은 사람들의 지지를 받은 '국제 고정력' 은 1년을 13개월로 1달을 28일로 한 달력이었지만, 13이 소수이므로 등분을 할 수가 없어서 불편한 점이 많기 때문에 결국 채택되지 못했다.

또 다른 달력이 있다. 이 새로운 형식의 달력을 '세계력(World Calendar)' 이라고 하는데, 1년을 4분기로 나누고 각 분기마다 3달을 두었다. 각 분기의 첫 달은 31일이고 나머지 두 달은 각각

THE WORLD CALENDAR

FIRST QUARTER

January

S	M	T	W	T	F	S
1	2	3	4	5	6	7
8	9	10	11	12	13	14
15	16	17	18	19	20	21
22	23	24	25	26	27	28
29	30	31				

February

S	M	T	W	T	F	S
			1	2	3	4
5	6	7	8	9	10	11
12	13	14	15	16	17	18
19	20	21	22	23	24	25
26	27	28	29	30		

March

S	M	T	W	T	F	S
					1	2
3	4	5	6	7	8	9
10	11	12	13	14	15	16
17	18	19	20	21	22	23
24	25	26	27	28	29	30

SECOND QUARTER

April

S	M	T	W	T	F	S
1	2	3	4	5	6	7
8	9	10	11	12	13	14
15	16	17	18	19	20	21
22	23	24	25	26	27	28
29	30	31				

May

S	M	T	W	T	F	S
			1	2	3	4
5	6	7	8	9	10	11
12	13	14	15	16	17	18
19	20	21	22	23	24	25
26	27	28	29	30		

June

S	M	T	W	T	F	S
					1	2
3	4	5	6	7	8	9
10	11	12	13	14	15	16
17	18	19	20	21	22	23
24	25	26	27	28	29	30W

THIRD QUARTER

July

S	M	T	W	T	F	S
1	2	3	4	5	6	7
8	9	10	11	12	13	14
15	16	17	18	19	20	21
22	23	24	25	26	27	28
29	30	31				

August

S	M	T	W	T	F	S
			1	2	3	4
5	6	7	8	9	10	11
12	13	14	15	16	17	18
19	20	21	22	23	24	25
26	27	28	29	30		

September

S	M	T	W	T	F	S
					1	2
3	4	5	6	7	8	9
10	11	12	13	14	15	16
17	18	19	20	21	22	23
24	25	26	27	28	29	30

FOURTH QUARTER

October

S	M	T	W	T	F	S
1	2	3	4	5	6	7
8	9	10	11	12	13	14
15	16	17	18	19	20	21
22	23	24	25	26	27	28
29	30	31				

November

S	M	T	W	T	F	S
			1	2	3	4
5	6	7	8	9	10	11
12	13	14	15	16	17	18
19	20	21	22	23	24	25
26	27	28	29	30		

December

S	M	T	W	T	F	S
					1	2
3	4	5	6	7	8	9
10	11	12	13	14	15	16
17	18	19	20	21	22	23
24	25	26	27	28	29	30W

Worldsday (a World Holiday), W or December 31 (365th day), follows December 30 every year. The Leap-year Day (another World Holiday), W or June 31 follows June 30 in leap years.

세계력은 매년 365번째 날을 '세계의 날' 로 정하여 휴일로 하는데, 이 날은 아무 요일도 아니다.

30일씩이다. 물론 2월도 30일로 되어 있다. 각 분기는 정확하게 91일이고 일요일에서 시작하여 토요일로 끝난다. 이 달력에 의하면 1년은 364일이고, 매년 365번째 날을 '세계의 날(World's Day)' 이라고 정하여 휴일로 한다. 이 날은 1주일 중 아무 요일도 아니다. 그리고 윤년의 경우에는 6월 30일 다음날 세계의 날을 하루 더 정한다. 물론 이 날도 아무 요일도 아니고 휴일이다. 하지만 이 달력도 적극적인 지지를 받지 못하여 채택되지 않았다. 그래서 오늘날까지 그레고리력이 사용되고 있다.

조선시대의 달력, 시헌력

옛날 농경사회에서 위정자들의 가장 큰 임무 중 하나는 백성들에게 씨뿌리는 시기를 알려주는 것이었는데, 인간에게 '때' 는 생존과 직결되는 매우 중요한 요소였다. 지금도 흔히 사용하는 '때를 놓치지 말라' 는 말의 의미는 흘러가는 시간이 모두 같지 않으며 적기가 있음을 말하는 것이다. 이처럼 예나 지금이나 시간은 중요했으므로 우리 선조들도 자연히 달력이 필요했다.

우리 선조들이 사용하던 가장 대표적인 역법은 조선 효종(1653) 때 만들어진 시헌력(時憲曆)이다. 이전에는 삼국시대 때의 원가력(元嘉曆)과 린덕력(麟德曆), 통일신라와 고려초기 때의 선명력(宣明曆), 그리고 고려 중기부터 조선시대까지 사용된 수시력(授時曆)과 대통력(大統曆) 등이 있었다. 이들 역법들은 사실 중국 역법을 그대로 수용한 것이었다.

최초로 주체적이고 자주적인 역법을 제정한 것은 세종 때 만들어진 칠정산내외편(七政算內外篇)이다. 그러나 그 이후에도 역법은 정치적 · 외교적인 문제로 중국력을 그대로 사용해야 했고, 중국이 시헌력을 사용하자 우리나라도 그대로 시헌력을 사용하게 되었다.

하지만 시헌력의 사용은 지식인 사이에서 강한 반발을 불러일으켰다. 예를 들어 전통 역법에서는 24절기간을 15.22일로 일정하게 나누었는데, 시헌력은 태양 운동의 지속에 따라 절기간의 길이를 서로 다르게 조정했다. 때문에 동지가 입춘이 될 수 있다는 오해를 불러일으켰다. 더욱이 시헌력은 서양이나 청나라를 오랑캐로 규정하는 이른바 위정척사적 사고 때문에 쉽게 자리를 잡지 못했다. 당시의 사대부들은 시헌력에 따르는 것은 오랑캐 과학을 따르는 것이며 정도가 무너지는 것이라고 생각했다. 그러나 시헌력은 효종에 의하여 채택되어 사용되기 시작하였으며, 1891년 1월 1일 그레고리력으로 개력할 때까지 조선의 공식적인 달력으로 자리를 잡았다.

지금까지 우리는 비교적 긴 시간을 재는 달력에 대하여 알아보았다. 그런데 작은 시간인 시(時)에도 윤달이나 윤년의 경우와 같이 초를 끼워 넣는 윤초가 있다.

윤초란 무엇인가?

과학자들은 지구의 자전 속도가 변한다는 것을 발견했는데, 그 이유는 달 때문에 생기는 조수간만의 차로 지구의 자전 속도가 늦어지기 때문이다. 그 차이로 인해 100년에 24시간의 0.0015에서 0.0020이 더해진다는 것이다. 이것을 시간으로 계산하면 약 0.9초로 1초도 되지 않으므로 사소한 일처럼 보인다. 하지만 과학이 발전할수록 정밀한 시간 측정은 중요하게 되었다.

시간을 정확하게 재는 것은 항해와 통신, 그리고 지구 주위를 운행하는 위성과 위치정보를 교환하는 GPS를 원활하게 사용하기 위해 매우 중요하다. 정확한 시간을 아는 것은 우주 비행사가 우주공간을 여행하거나 항공관제 시스템을 운용하는 데도 매우 중요한 일이다. 특히 여러 개의 채널을 갖고 있는 통신 시스템에서는 더욱 중요하다.

오늘날 휴대 전화나 TV에 표시되는 시각은 원자시계를 이용하여 측정하는 국제 원자시간(International Atomic Time)이다. 원자시간을 측정하는 원자시계는 원자 초에 의하여 정확하게 계산되는데, 원자 초는 세슘133 원자가 9,192,631,770번 진동하는 시간으로 정해졌다.

원자시계는 원자가 복사 또는 흡수하는 전자기(電磁氣) 에너지의 주기(周期)가 일정한 것을 이용하여 시간을 재는 정밀한 시계이다.

반면에 천문시간(UT, Universal Time)은 지구 자전에 기초하는 것으로, 1972년에 국제적 표준이 되는 1초를 1900년도의 평균 하루의 $\frac{1}{86400}$을 UT 1초로 정했다. UT 1초가 하루의 $\frac{1}{86400}$인 이유는 하루가 24시간이고,

1시간은 60분, 1분은 60초이므로 24×60×60=86400이기 때문이다.

그런데 원자시계에 의한 시간과 천문시계에 의한 시간은 미세한 차이가 있기 때문에 일정한 시간이 지나면 원자시간과 천문시간을 일치시킬 필요가 생긴다. 두 개의 시간을 일치시키기 위하여 둘 중 하나의 시간을 바꾸어야 한다. 하지만 지구의 자전 속도를 변화시킬 수는 없기 때문에 원자시계의 시간을 바꿀 수밖에 없는데 이때 1초를 더하는 것이 바로 윤초이다.

파리에 있는 국제지구자전국(IERS, International Earth Rotation Service)은 천문시간에 원자시계로 측정하는 시간을 맞추는 일, 즉 여러 나라와 국제기구에 윤초에 관한 정보를 공지해주는 역할을 하고 있다. 국제지구자전국에서는 윤초를 12월이나 6월의 마지막 날에 더하거나 또는 필요하다면 3월과 9월의 마지막 날에 끼워 넣는다. 이와 같은 시간의 조정은 1972년 6월 30일에 공고된 이후에 현재까지 계속되어왔다. 1972년부터 1999년까지 27년 동안 6월이나 12월에 22윤초가 더해졌다.

기후변화와 윤초

그런데 지구가 지난 5년 동안 윤초를 더할 필요 없이 우주를 운행했다는 것은 놀라운 일이다. 말하자면 2004년은 윤년이었지만 2004년 6월과 12월에 윤초는 없었다. 과학자들의 설명에 따르면 지구의 자전 속도가 변화되어 윤초가 필요 없게 되는 이유는 달에 의하여 만들어지는 조수가 지구의 회전 속도를 느리게 만들고, 지구 내부에서 일어나고 있는 커다란 지진, 지구온난화로 매년 남극과 북극에서 녹고 있는 빙하, 엘리뇨와 라니냐로 인한 지구 기후의 변화 때문이라고 한다.

2005년 12월 31일에 세계의 모든 시계에 1초를 더 늘리는 윤초가 실시되었다. 윤초는 가장 정밀한 표준시계인 원자시계에 2005년 12월 31일 밤 23시 59초에서 0시 0분 0초로 넘어가기 직전 23시 59분 60초를 삽입하는 것이다. 다음 윤초는 우리나라 시간으로 2009년 1월 1일 오전 8시 59분 59초에서 9시로 넘어갈 때 삽입되었다. 이를 위해 8시 59분 60초라는 임시적인 시각이 만들어 지고 다시 1초가 지나면 정각 9시가 된다. 그러나 지구환경이 급속도로 나빠지고 있기 때문에 이와 같은 윤초의 삽입은 점점 더 늦어질 것으로 예상되고 있다.

비록 몇 년에 1초씩 더해지는 윤초이지만 윤초의 삽입이 점점 늦어지고 있는 것은 인간에 의해 중병을 앓고 있는 지구의 소리 없는 저항일지도 모른다.

아인슈타인이 만든 '사랑의 방정식'

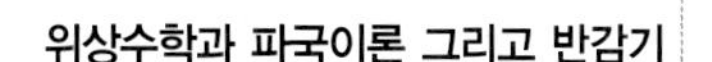

위상수학과 파국이론 그리고 반감기

사랑도 수학으로 풀 수 있을까?

부모와 자식 간의 사랑이든 남녀 간의 사랑이든 또는 친구 간의 사랑이든, 사랑에는 세상을 아름답게 만드는 힘이 있다. 또한 서로를 질긴 끈으로 엮어놓은 매듭과도 같이 한번 지어놓으면 풀기 어려운 것이기도 하다. 이처럼 어려운 사랑을 수식으로 간단히 푼 사람이 있다. 바로 20세기 최고의 천재로 알려진 앨버트 아인슈타인(Albert Einstein, 1879~1955)이다.

어느 날 물리학 강의 도중 잠깐 숨을 돌리는 아인슈타인에게 한 학생이 물었다.

"박사님은 모든 물체 사이에 작용하는 상대성 원리를 발견하셨고 수식화하셨습니다. 그렇다면 사람들 사이에 오가는 사랑도 방정식으로 표현하실 수 있습니까?"

잠시 생각하던 아인슈타인은 다음과 같은 사랑의 방정식 'Love=2□+2△+2●+2∨+8<'을 만들어냈다. 그리고 다음과 같이 설명했다.

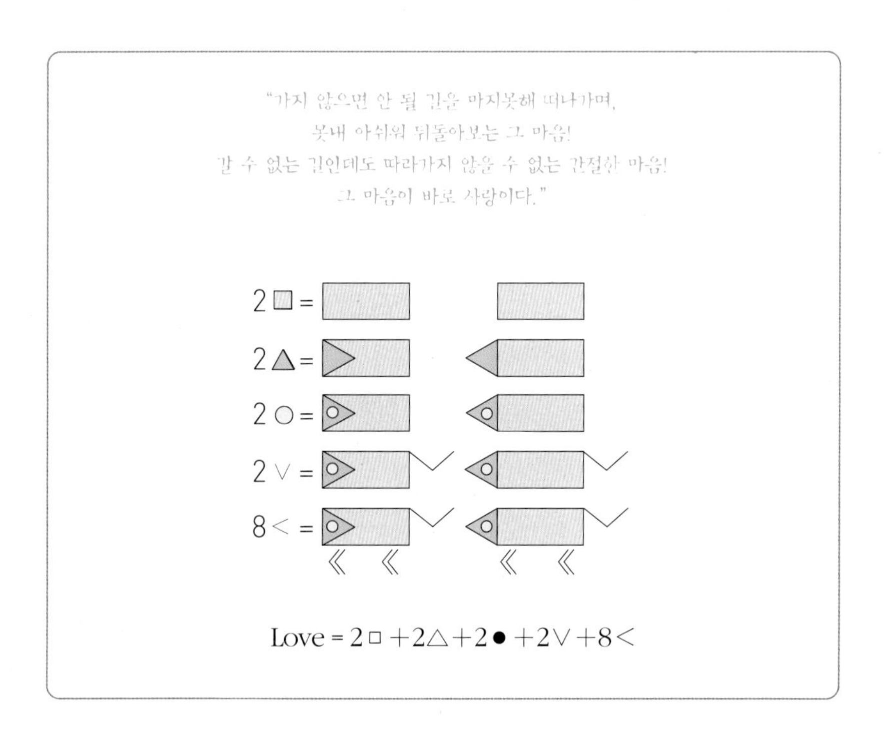

마당발 위상수학

아인슈타인이 만든 재치 있는 사랑의 방정식은 사랑의 감성적인 면을 나타낸 것이다. 그렇다면 진짜로 수학을 이용하여 사랑을 설명할 수 있을까?

수학은 뭐든지 설명할 수 있는 학문인데 사랑인들 못하랴! 사랑을 수학으로 설명하기 위해서는 우선 위상수학(位相數學, topology)을 알아야 한다. 위상수학을 간단히 말하자면 공간 속의 점, 선, 면, 위치 등에 관하여 양이나 크기와는 상관없이 형상이나 위치관계를 나타내는 수학의 한 분야이다. 이를테면 진흙덩어리로 둥근 공을 만들었다가 공 모양을 변형하여 긴 막대기나 손잡이가 없는 컵을 만들 수 있다. 이때, 모양은 공에서 막대기나 컵으로 바뀌었지만 진흙덩어리가 모래로 바뀌었다든지 서로 떨어졌다든지 구멍이 뚫렸다든지 하는 변형은 없다. 이럴 경우 둥근 공과 막대기 그리고 손잡이 없는 컵은 위상적으로 동형이라고 한다. 그러나 구멍 뚫린 도넛과 공은 위상적으로 동형이 아니다. 구멍 뚫린 도넛은 구멍 뚫린 손잡이가 달린 컵과 위상적으로 동형이다.

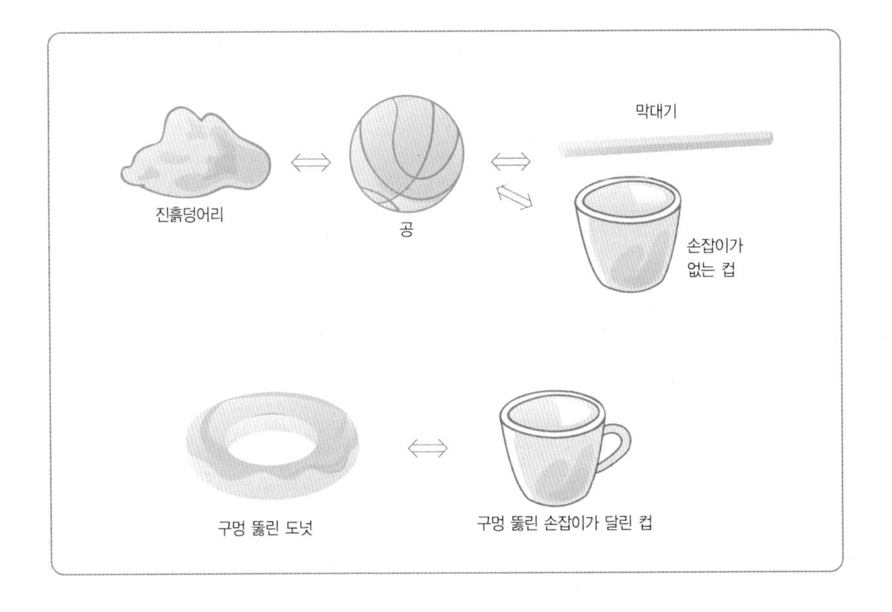

위상수학은 기호논리학과 밀접한 관계가 있으며, 예전에는 수학적 방법으로 처리할 수 없다고 생각했던 분야에도 영향을 미치고 있다. 예를 들어 기계장치, 지도, 배전망 등 복잡한 기능을 계획하고 제어하는 조직 설계에 영향을 미친다.

애정에 관한 파국이론

1950년대 말부터 영국의 수학자 지만(E. C. Zeeman)이 처음으로 위상수학을 과학에 응용하기 시작했다. 그는 뇌의 위상적 모델을 만들어 여러 가지 현상을 해석함으로서 수학자들의 관심을 끌었다.

■ 아인슈타인과 아인슈타인의 첫 번째 부인인 밀레바 마리치의 모습. 둘은 스위스 취리히 대학에서 만나 결혼했다.

이에 자극을 받은 톰(R. Thom)은 수학을 생물학과 물리학 그리고 사회과학에 응용할 수 있는 방법을 생각해냈다. 그리고 1973년 『구조안정성과 형태형서의 이론』을 출판했다. 톰은 이 책에서 갑작스러운 큰 변화를 카타스트로피(catastrophe, 파국)라고 하며 이 '파국'을 수학적으로 어떻게 파악할 수 있는지에 대한 생각을 정리했다.

그런데 파국에 관한 톰의 생각은 다소 난해하고 철학적이었다. 그래서 지만은 톰의 이론을 응용하기 편리하도록 풀이했다. 지만은 파국이론을 전개하는 데 '적에 대한 개의 행동'을 예로 들었다. 여기서는 개 대신 사랑을 예로 들어 파국이론을 살펴보자.

이제 막 사랑을 시작하는 젊은 남녀가 있다. 그들의 사랑을 수치로 나타낼 순 없지만, 둘은 시간이 흐를수록 상대방에게 더욱 깊은 사랑을 느끼게 되었다. 어느 날 아름다운 사랑을 만들어가던 연인은 하찮은 일로 심하게 싸우게 되었다. 화가 난 여자는 남자를 사랑하는 마음이 식어버렸다는 것을 알게 되었다. 하지만 남자는 무슨 방법을 써서라도 여자의 사랑을 되찾고 싶었다. 그래서 화해의 편지를 쓰기로 했다. 그는 사랑하는 연인에게 짧지만 진심이 가득 담긴 편지를 보냈다. 편지를 읽은 여자는 너무나 감동하여 남자를 사랑하는 마음이 다시 생기게 되었다. 둘의 사랑은 다시 뜨거워졌고 예전보다 더욱 깊은 사랑을 하게 되었다.

이 이야기를 수학적으로 설명하기 위하여 다음과 같은 그래프로 나타내보자. 수평좌표는 둘이 만남을 유지하는 시간이고 수직좌표는 사랑의 양이다. 왼쪽 그래프는 불연속적인 현상을 나타낸 것이고 오른쪽 그래프는 이들을 포함하는 곡면이 있음을 나타낸 것이다.

그래프를 보면 둘의 사랑이 첫 만남부터 꽃을 선물할 때까지 연속적으로 변했다는 것을 알 수 있다. 그러나 꽃을 선물한 다음에는 사랑의 감정이 갑자기 상승했다. 또 약속을 어긴 후에 연속적으로 변하던 곡선이 말다툼을 한 후는 갑자기 하락했다. 그리고 남자의 편지를 받고 화해한 후에는 전보다 사랑의 양이 급격하게 상승했다. 이러한 불연속적인

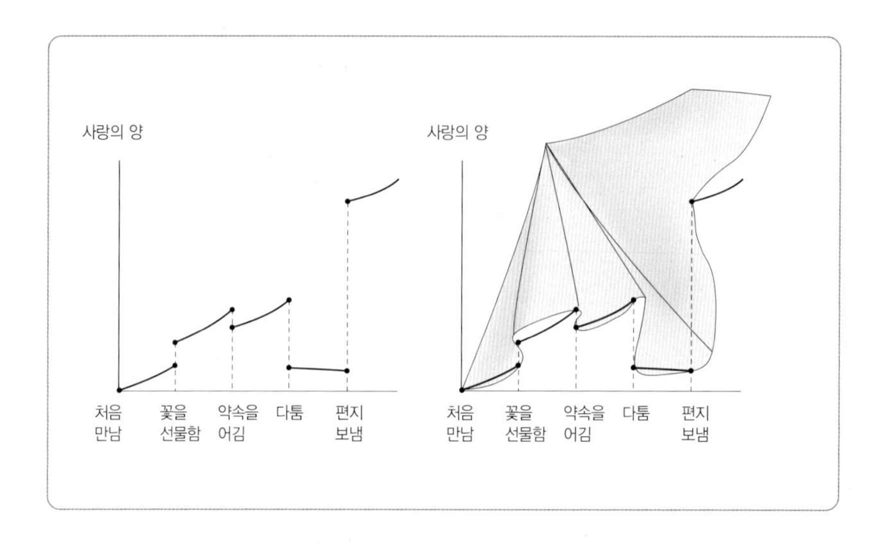

현상을 어떤 한 곡면 위에 모두 나타낼 수 있고 그 곡면의 성질로부터 주어진 문제를 해결할 수 있다는 것이 파국이론이다.

자연재해를 통해 본 파국이론

파국이론은 연속적인 현상만을 다루었던 수학에 불연속적인 현상을 도입하는 획기적인 역할을 했다. 그 결과 자연과학자뿐만 아니라 사회과학자에게도 어떤 현상에 대한 다양한 표현 방법의 모델이 제공되었다. 지만은 이런 기법을 이용하여 국방문제부터 외교문제까지 설명할 수 있었다. 이 중 사회과학과 관련된 몇 가지는 재미있긴 하지만 아직까지 엄밀하게 정립되지는 않았다. 그러나 자연과학에서는 실제로 파국이론이 많이 응용되고 있다.

2004년 인도네시아는 쓰나미로 약 15만 명의 인명을 잃었고 막대한 재산 피해를 입었다. 이런 자연재해는 역사적으로 인간과 자연에 큰 영향을 끼쳤고 역사의 흐름을 바꾸어놓았다.

미국 해군에서 입수한 2004년 인도네시아의 실제 쓰나미 사진이다. 파도의 높이가 30층 건물보다 높았다고 한다.

미국의 고고학 저널리스트인 데이비드 키즈는 2000년에 세계적인 자료들을 모아 쓴 『대(大)재해(Catastrophe)』를 출간했다. 그는 이 책에서 서기 535년부터 536년까지 전 세계적으로 대기가 혼탁해지면서 태양을 가려 큰 기근과 홍수가 나고 전염병이 창궐해 구시대가 몰락하고 새 문명이 싹 트기 시작했다고 주장했다. 1815년에는 인도네시아 숨바와 섬의 탐보라 화산 폭발로 수십만 명이 숨졌다. 대기를 뒤덮은 150만 km^3의 화산재와 먼지는 지구의 기온을 낮췄고, 이듬해인 1816년은 유럽인들에게 '여름이 없었던 해'로 기억됐으며, 전 세계적으로 흉작이 이어졌다. 1845년 여름 아일랜드에서는 3주 동안 내린 큰비와 습한 날씨 때문에 감자페스트가 퍼졌고, 이 비는 이듬해 봄까지 계속됐다. 결국 주식인 감자 농사를 망친 수많은 아일랜드인들이 굶어죽었고 200만 명 이상이 이후 10년간 미국으로 이민을 떠났다. 이렇게 갑작스러운 대규모 자연재해가 인류 역사에 큰 영향을 미치는 것은 파국이론을 실제로 설명해 준다.

고대 연인, 죽어서도 사랑을 말하다

다시 사랑 이야기로 돌아가보자. 2007년 2월 6일 이탈리아에서 흥미로운 남녀의 유골이 발견되었다. 원형이 거의 완벽하게 유지되어 있는 이 유골은 애절한 사랑을 노래한 셰익스피어의 대표작 『로미오와 줄리엣』의 무대가 되었던 이탈리아의 베로나 남서쪽에 위치한 만토바 시 부근의 신석기시대 유적지에서 발견되었다. 두 팔로 서로를 감싸고 눈을 마주친 모습으로 발견된 이 유골은 5,000년에서 6,000년 전의 것으로 추정된다. 추가 연구가 필요하겠지만, 5,000년 동안 포옹하고 있던 유골의 치아 상태로 보아 30세 전후에 사망한 남녀인 것으로 추측하고 있다.

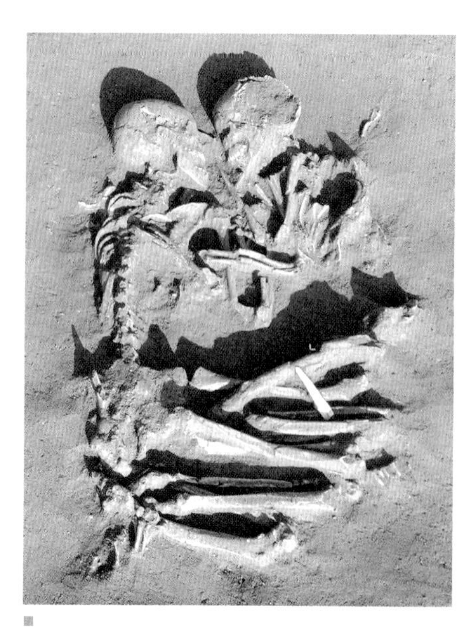

■ 만토바 시에서 발견된, 남녀가 포옹하고 있는 모습의 신석기 유골.

우리나라에서도 이와 유사한 신석기 유적이 발견되었다. 2007년 3월 27일 국립광주박물관은 한 구덩이에 2구의 시신이 묻힌 4,000년 전 신석기 무덤을 남해안에서 발굴

했다.

국립광주박물관은 전남 여수시 남면 안도리 신석기 유적을 발굴 조사했는데, 그 결과 무덤 2기 중 하나에서 하늘을 보고 나란히 누운 2구의 유골이 나왔다. 그 동안 발굴된 한반도의 신석기 무덤은 한 구덩이에 시신 1구가 있는 게 일반적이었다. 2구가 나온 것은 이번이 처음이었다. 유골은 얕은 구덩이 안에서 발견되었는데, 사진의 위쪽 유골은 키 158cm 정도 되고 오른팔에 조가비로 만든 팔찌를 차고 있는 것으로 보아 여자로 추측하고 있다. 165cm쯤 되는 또 하나의 유골은 아직 정확하게 확인되지 않았다. 그러나 여러 증거로 보아 둘은 부부였던 것으로 보인다.

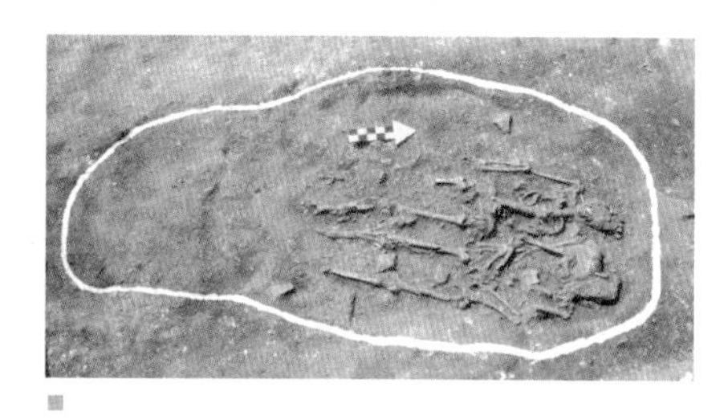

신석기 무덤 양식은 경남 통영 연대도와 욕지도 등 신석기시대 패총에서도 발견되었지만, 두 시신이 하늘을 보게 매장한 것은 이것이 처음이었다.

연대측정법 속의 미분

이 연인들의 유골처럼 오래된 유적이나 유물이 어느 시대 것인지 밝혀내기 위해 우리는 여러 가지 측정 방법을 사용하고 있다. 탄소 연대측정법, 칼륨-아르곤 연대측정법, 루비듐-스트론튬 연대측정법 등 대략 10가지 정도가 되는 연대측정 방법은 대부분 방사성원소의 반감기를 이용한다. 반감기란 방사능에서 방사성 물질의 원자핵이 입자와 에너지를 방출해서 자발적으로 다른 종류의 원자핵으로 변하여 원래 양의 절반으로 감소하는 데 걸리는 시간을 말한다.

반감기를 이용한 방법 중 500년에서 5만 년 사이의 연대를 추정하는 데 사용되는 방사성 탄소(^{14}C) 연대측정법은 반감기가 약 5,730년인 방사성 탄소가 질소(^{14}N)로 붕괴되는 것을 이용해 연대를 측정하는 방법이다. 지구상의 생태계에서 일반적인 탄소(^{12}C)가 순환하는 시간이 방사성 탄소의 반감기보다 훨씬 길기 때문에 살아 있는 전체 생물체들이 갖고 있는 탄소는 두 가지 탄소의 비율이 거의 일정하게 유지된다.

방사성 탄소는 지구 대기에 있는 질소와 중성자의 상호작용으로 끊임없이 만들어지며, 대기 중에 존재하는 이산화탄소 분자와 섞인 방사성 탄소는 지구의 생태계에서 순환하게 된다. 즉, 녹색 식물이 광합성을 하기 위해 공기 중 방사성 탄소가 포함된 이산화탄소를 흡수하고, 식물로 들어간 방사성 탄소는 이 식물을 먹은 동물로 자연스럽게 이동하여, 자연스럽게 먹이사슬을 통해 지구상의 동물로 이동한다. 방사성 탄소는 몸속에서 서서히 붕괴되어 그 양이 감소하지만, 감소된 양은 공기와 먹이를 통해 다시 보충된다. 그러나 유기체가 죽으면 방사성 탄소의 공급은 끊기게 되어 유기체의 조직에 있는 방사성 탄소의 양은 점점 줄어들게 된다. 결국 방사성 탄소는 5,730년 동안 자연적으로 붕괴되어 양이 반으로 줄어든다. 방사성 탄소의 붕괴는 일정한 속도로 일어나기 때문에 결국 유기체에 남아 있는 탄소의 양을 측정하면 유기체가 죽은 연대를 알 수 있다.

방사성 동위원소	반감기(년)	적용연대	대상
Be-10	1.51×10^6	1,000만 년 이하	암석표면, 해양의 퇴적
C-14	5.73×10^3	6만 년 이하	생물, 암석표면
Pb-210	2.23×10^1	100년 이하	호수나 늪의 퇴적
K-40	1.28×10^9	1억 년 이상	암석형성, 토기연대
Th-232	1.40×10^{10}		
U-235	7.04×10^8		
U-238	4.47×10^{10}		

이를테면, 몸속에 0.1g의 방사성 탄소를 유지하고 있는 동물이 있다고 하자. 그런데 그 동물의 오래된 유골을 발굴하여 방사성 탄소의 양을 측정한 결과가 0.05g이었다면, 그 동물은 5,730년 전에 살았으며, 만약 0.025g밖에 없다면 4분의 1로 줄었기 때문에 1만 1,460년 전의 동물인 것이다. 실제로 연대를 측정하기 위해서는 정확한 공식이 필요하며, 이 공식은 미분을 사용하여 얻는다.

만일 어떤 유기체에 들어 있는 방사성원소의 초기 질량이 m_0이고 시간 t가 지난 후 그 유기체에 남아 있는 방사성원소의 질량을 m이라 하면, 미분을 이용하여 방사성원소의 붕괴율을 구할 수 있다. 그런데 붕괴율 $-\frac{1}{m}\frac{dm}{dt}$은 각 방사성원소와 관련된 일정한 값 k임이 실험적으로 밝혀져 있다. 결국 남아 있는 방사성원소의 질량을 시간에 관한 함수로 생각하여 풀면 $m(t)=m_0e^{kt}$를 얻는데, 여기서 e는 자연대수로 약 2.718이다. 이 식으로부터 시간 t를 구하여 유물이나 유적 또는 유기체의 연대를 측정할 수 있게 되는 것이다.

이처럼 우리는 5,000년 동안 지속된 연인들의 사랑을 이해하기 위해 수학을 사용했다. 만약 여러분이 후대까지 자신의 사랑을 남기길 원한다면 먼저 수학부터 알아야 하지 않을까?

심장은 적분으로 뛴다

아르키메데스의 적분

평균 수명이 늘어나는 이유

현대인의 화두는 단연 건강이다. 웰빙 붐을 타고 건강에 대한 책들이 계속 출간되고 있으며, TV에서는 연일 건강식품과 각종 운동을 소개하고 있다. 게다가 의학의 발달로 평균 수명은 해를 거듭할수록 길어지고 있다.

건강에 대한 사람들의 관심은 나날이 늘어나고 있고, 이에 따라 수많은 건강도서들이 쏟아지고 있다.

세계보건기구(WHO)가 발표한 '세계보건통계 2007'에 따르면 2005년을 기준으로 우리나라의 평균 수명은 남성 75세, 여성 82세이며 전체 평균 수명은 78.5세로 전 세계

194개국 가운데 26위를 차지했다고 한다. 평균 수명이 2003년에는 75.5세였고 2004년에는 77세였던 것을 비교하면 해마다 평균 수명이 1.5년씩 증가한 것이다.

한편, 북한 사람들의 평균 수명은 전년과 마찬가지로 남성 65세, 여성 68세로 평균 66.5세인 것으로 조사됐다. 평균 수명이 가장 높은 나라는 일본으로 남성의 평균 수명은 79세, 여성의 평균 수명은 86세인 것으로 조사돼 최근 몇 년 동안 장수 국가 1위를 지키고 있다. 2위는 평균 수명 82세로 이탈리아 동부의 작은 나라인 산마리노가 차지했고, 호주, 모나코, 스위스는 81.5세, 아이슬란드, 이탈리아, 스웨덴은 81세인 것으로 조사됐다. 아시아에서는 일본과 싱가포르가 우리나라보다 평균 수명이 더 긴 것으로 조사됐으며, 중국은 72.5세, 베트남은 71.5세, 인도네시아는 67.5세, 필리핀은 67.5세, 몽골은 65.5세, 인도는 63세인 것으로 조사됐다.

특히 보고서에 따르면 여성의 평균 수명이 80세 이상인 국가가 우리나라를 포함해 모두 34개국이나 되었다. 이런 조사 결과는 대부분의 나라에서 여자가 남자보다 오래 산다는 것을 알려준다.

할머니들이 함께 모여 운동을 하고 있는 모습. 여성의 평균 수명은 평균적으로 남성보다 길다.

그렇다면 여자가 남자보다 건강하기 때문에 오래 사는 것일까? 결론부터 말하자면 그렇지 않다. 보건복지부가 공개한 '2007년 1분기(1~3월) 건강지표통계'에 따르면 건강보험의 요양급여비 7조 7,796억 원 가운데 여성에게 지출된 비용은 4조 1,795억 원으로 53.7%였고, 남성에게 지출된 비용은 3조 6,001억 원으로 46.3%였다. 또한 건강보험 가입자 기준으로 병원을 찾은 횟수를 조사한 결과 남성은 1인당 평균 5.42일이고 여성은 7.26일이었다. 그리고 1인당 진료비용은 남성이 14만 9,804원이었으며 여성이 17만 7,280원이었다. 이 결과는 여성이 남성보다 병원을 더 많이 다니고 치료를 위해 더 많은 비용을 썼다는 것을 보여준다.

이와 같은 결과가 나타난 것은 여성이 임신과 출산을 위해서 병원을 다니는 경우가 많고, 노인이 되면서 남성보다 골다공증과 같은 만성질환을 더 많이 앓기 때문이라고 한다. 그리고 여성이 가정에서 받는 스트레스가 남성이 직장에서 받는 스트레스보다 더 지속적이고 강도가 세기 때문이라고 한다. 그럼에도 불구하고 남성의 수명이 여성보다 짧은 이유는 흡연과 음주 등과 관련된 급성질환으로 숨지는 남성의 비율이 여성에 비해 높기 때문이다.

심장은 적분으로 뛴다

그렇다면 우리나라 노인의 사망원인 1위는 무엇일까? 바로 뇌졸중, 동맥경화, 심근경색과 같은 혈관질환이다. 이런 혈관질환 대부분은 혈액

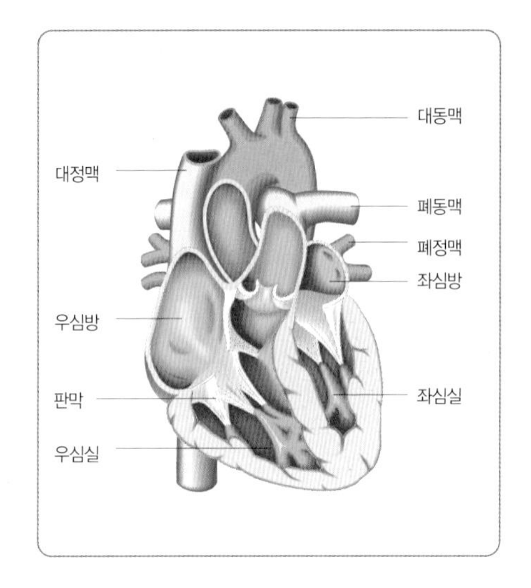

이 혈관을 따라 잘 흐르지 못하기 때문에 생긴다.

혈액은 정맥을 통해 심장의 우심방으로 들어가 폐동맥을 거쳐 폐로 들어가 산소와 결합한다. 그리고 폐정맥을 거쳐 좌심방으로 들어가서 대동맥을 통해 다시 몸 전체로 전달된다. 심장의 건강상태를 알아보는 한 가지 방법은 단위시간에 심장에서 뿜어져 나오는 피의 양인 심박출량을 측정하는 것이다. 심박출량은 염료희석법으로 측정하는데, 염료를 우심방으로 주입하면 심장을 거쳐 대동맥으로 들어간다. 대동맥으로 삽입된 탐침이 심장을 떠나는 염료의 농도를 염색약이 없어질 때까지 일정한 시간 간격으로 측정하여 염료의 양을 구하고, 이를 이용하여 심박출량을 계산한다. 즉, 염료의 양을 측정하는 시간구간을 [0, T]라 하고 $c(t)$를 시각 t일 때의 염료의 농도라고 하면 심박출량은 $F=A\div\int_0^T c(t)\,dt$이다. 여기서 A는 염료의 양이며, 심박출량을 계산하기 위해서는 적분을 이용해야 한다. 심박출량을 알기 위한 적분의 계산법을 설명하기 전에 먼저 다음과 같은 간단한 예를 살펴보자.

5mg의 염료를 우심방에 주입하여 염료의 농도를 리터당 밀리그램으로 대동맥에서 1초 간격으로 측정하여 다음 표를 얻었다고 하자. 이때

염료의 농도는 시간이 흐를수록 점점 진해지다가 다시 약해져서 나중에는 0이 될 것이다.

t(시간)	0	1	2	3	4	5	6	7	8	9	10
$c(t)$ (농도)	0	0.4	2.8	6.5	9.8	8.9	6.1	4.0	2.3	1.1	0

따라서 A=5, T=10이고 정적분 $\int_0^T c(t)dt$의 근사값을 구하면 41.87이므로 심장은 다음과 같이 1초당 약 120mL의 혈액을 온 몸에 공급하고 있음을 알 수 있다.

$$F = A \div \int_0^{10} c(t)dt \approx \frac{5}{41.87} \approx 0.12(L/s)$$

아르키메데스의 적분

이제 적분에 대하여 알아보자. 적분을 처음으로 생각해낸 사람은 아르키메데스이다. 그는 부력의 법칙을 발견한 사람으로 더 유명하다. 그의 책 『구와 원기둥에 관하여』와 『방법론』에는 적분에 대한 내용이 담겨 있다. 그는 이 책에서 구의 부피와 겉넓이를 적분을

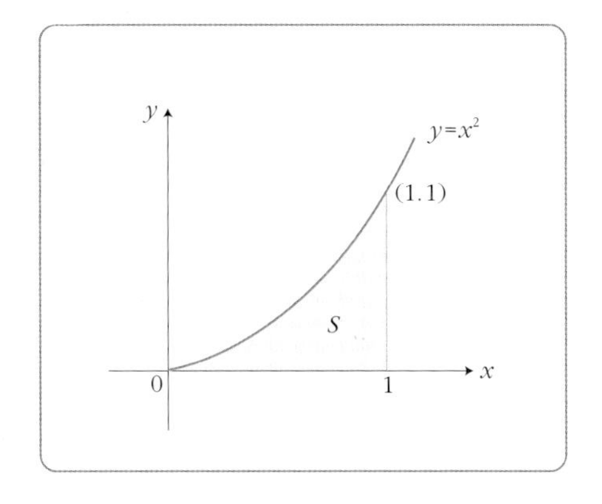

이용하여 구했다. 그러나 당시 사용된 적분은 일명 '기진맥진 방법' 이라고 하는 '실진법' 이다. 어떤 부분의 넓이를 구하려면 계산양이 너무 많아 기진맥진하기 때문에 붙여진 이름이다. 예를 들어 그림과 같이 함수 $y=x^2(x\geq 0)$의 그래프의 밑부분의 넓이를 구해보자.

아르키메데스가 사용한 방법은 오늘날 우리가 아는 적분과 거의 유사하다. 즉, 어떤 부분의 넓이를 구할 때 구하고자 하는 부분을 아주 잘게 잘라서 그 하나하나의 넓이를 구한 다음 모두 더하여 전체의 넓이를 구하는 것이다. 다음 설명을 읽다 보면 이 방법을 왜 기진맥진 방법이라고 부르는지 알게 될 것이다.

넓이 S를 구하기 위하여 다음과 같이 네 부분으로 나누었다. 그런데 왼쪽 그림과 같이 나누면 가로의 길이가 $\frac{1}{4}$인 직사각형 3개가 나오고, 오른쪽 그림과 같이 나누면 가로의 길이가 $\frac{1}{4}$인 직사각형 4개가 나온다.

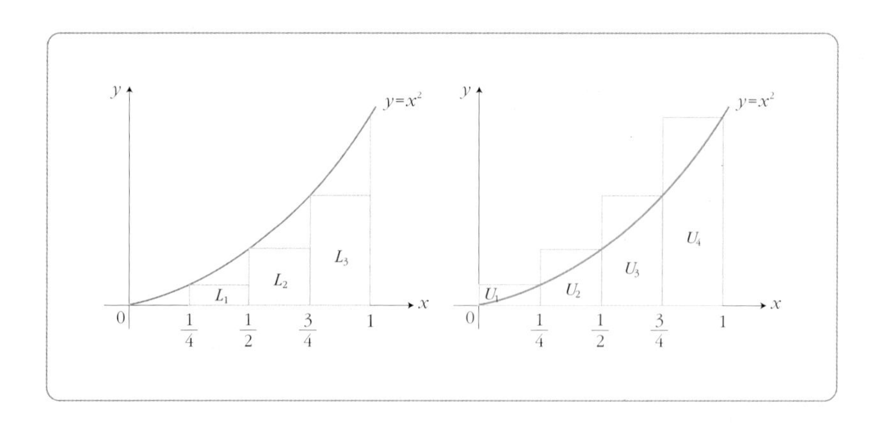

또 $x=\frac{1}{4}$이면 $y=x^2=\frac{1}{16}$, $x=\frac{1}{2}$이면 $y=\frac{1}{4}$, $x=\frac{3}{4}$이면 $y=\frac{9}{16}$, $x=1$이면 $y=1$이므로 각각의 직사각형의 넓이를 구할 수 있다. 즉, 왼쪽 그림과 오른쪽 그림에서 직사각형의 넓이를 각각 구하면 다음과 같다.

$$L_1=\frac{1}{4}\times\frac{1}{16}=\frac{1}{64},\ L_2=\frac{1}{4}\times\frac{1}{4}=\frac{1}{16},\ L_3=\frac{1}{4}\times\frac{9}{16}=\frac{9}{64}$$
$$U_1=\frac{1}{4}\times\frac{1}{16}=\frac{1}{64},\ U_2=\frac{1}{4}\times\frac{1}{4}=\frac{1}{16},\ U_3=\frac{1}{4}\times\frac{9}{16}=\frac{9}{64},$$
$$U_4=\frac{1}{4}\times 1=\frac{1}{4}$$

따라서 구하려는 실제 넓이 S는 다음 식을 만족한다.

$$L_1+L_2+L_3=\frac{14}{64}=0.21875\leq S\leq U_1+U_2+U_3+U_4$$
$$=\frac{30}{64}=0.46875$$

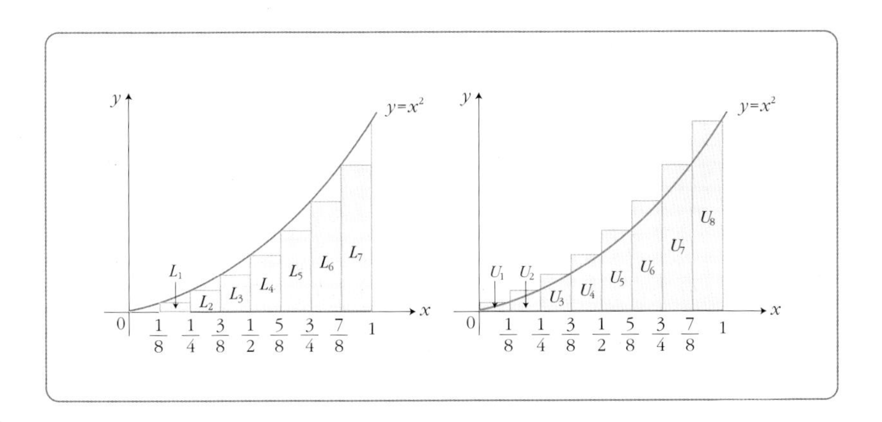

좀더 정확한 값을 얻기 위하여 이번에는 가로의 길이를 $\frac{1}{8}$로 해보자. 또한 가로의 길이가 $\frac{1}{8}$로 모두 같으므로 세로의 길이를 각각 구하여 더하면 전체 넓이를 구할 수 있다.

$$L_1+L_2+\cdots+L_7=\frac{1+4+9+16+25+36+49}{512}$$

$$L_1+L_2+\cdots+L_7=\frac{140}{512}=0.2734375$$

$$U_1+U_2+\cdots+U_7+U_8=\frac{1+4+9+16+25+36+49+64}{512}$$

$$U_1+U_2+\cdots+U_7+U_8=\frac{204}{512}=0.3984375$$

즉, $0.2734375 \leq S \leq 0.3984375$이다.

두 번째 계산한 결과는 처음 것보다 좀더 참값에 가깝다. 이와 같은

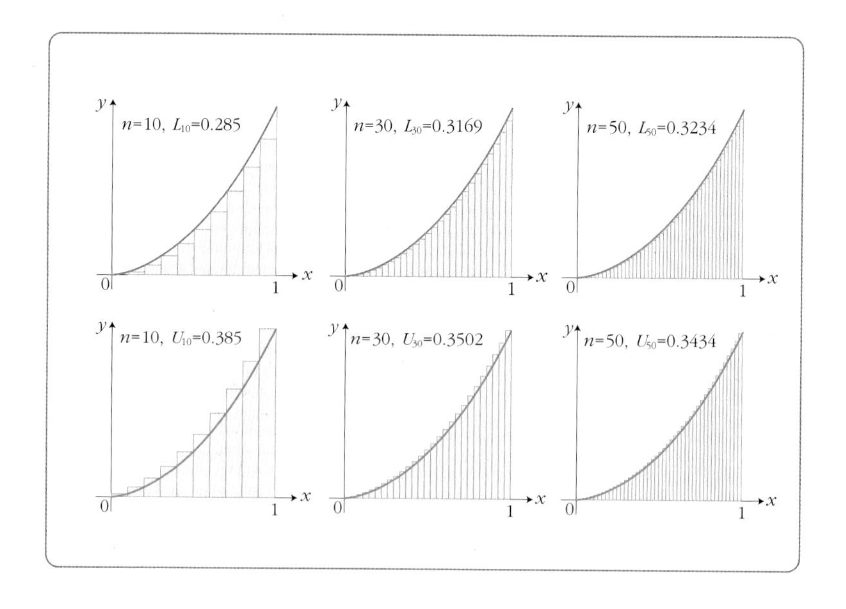

방법을 몇 번 더 시행하면 다음 그림과 같은 값을 얻을 수 있다. 이렇게 계산하려니 누군들 기진맥진하지 않겠는가?

어쨌든 나누는 횟수를 점점 많이 할수록 두 값 L_n과 U_n은 우리가 구하고자 하는 넓이 S에 점점 가까워진다. 우리는 50번까지 나누었지만 실제 넓이와 거의 같은 값을 구했던 아르키메데스는 훨씬 많이 나누었다는 것을 짐작할 수 있다.

오늘날 우리가 사용하는 방법은 아르키메데스의 방법에 '극한'을 가미한 것이다. 즉, n을 더 많이 하면 그 값은 어떻게 될 것인가를 다음과 같이 극한을 사용하여 간단히 나타낸 것이다.

$$\lim_{n \to \infty} L_n = \lim_{n \to \infty} U_n = \int_0^1 x^2 dx = \frac{1}{3} = 0.333\cdots$$

앞에서 우리가 심박출량을 구하기 위하여 계산하였던 적분 $\int_0^{10} c(t)dt$도 마찬가지 방법으로 구할 수 있다.

우리가 적분을 모른다고 하더라도 우리의 혈관 시스템은 이미 수학적으로 매우 아름답게 설계되어 있다. 수학이 실생활에 도움이 되지 않는 학문이라고 생각하고 있는 순간에도 우리의 뇌와 혈관 그리고 몸의 조직들은 이미 수학을 이용하고 있는 것이다. 수학은 이미 우리의 몸속에 존재하면서 우리와 함께 호흡하고 있다.

꽃보다 아름다운 수식

수열의 극한과 피보나치의 『꽃』

비너스의 황금비

봄이 오면 목련, 개나리, 진달래, 해당화, 매화 등 많은 꽃들이 온 세상을 수놓는다. 그리고 많은 화가들은 이에 영감을 얻어 봄과 꽃에 대한 그림을 남겼다. 르네상스의 대표적인 화가 산드로 보티첼리(Sandro Botticelli, 1445~1510)는 〈봄〉과 〈비너스의 탄생〉에 미의 여신 비너스와 봄의 여신 플로라를 함께 그렸는데, 봄의 여신 플로라는 아름다운 꽃으로 장식된 드레스를 입고 있다.

보티첼리는 〈비너스의 탄생〉을 철저하게 수학적으로 그렸다. 화폭의 가로와 세로의 비례, 그림 속 비너스의 몸은 완벽한 황금비를 이루고 있다. 여기서 보티첼리가 사용한 황금비에 대하여 간단히 알아보자.

〈비너스의 탄생〉. 신화학자들은 고대에 성(性)과 풍요를 다스리는 여신이 있었는데, 그것이 그리스로 전해져 아프로디테로 굳어졌다고 한다. 이 그림의 크기도 172.5×278cm로 황금비에 가깝다.

황금비를 나타내는 기호 ϕ는 황금비를 조각에 이용했던 페이디아스(Pheidias, BC 480~430)의 그리스어 '$\phi\varepsilon\iota\delta\alpha\tau\zeta$'의 머리글자를 따온 것이다. 수학적으로는 $\frac{1}{\phi}=\phi-1$, 즉 $\phi^2-\phi-1=0$과 같으며, 근의 공식을 이용하여 이차방정식의 해를 구하면 $\phi=\frac{1\pm\sqrt{5}}{2}$가 된다. 두 해 중에서 양의 값을 택하면 $\phi=1.618\cdots$이다.

황금비의 역사는 고대 그리스 이전으로 거슬러 올라간다. 기원전 2000년경에 만들어진 이집트 수학책 『린드파피루스』를 보면 기원전 4700년에 기자(Gizeh)의 대 피라미드를 건설하는 데 이 수를 '신성한 비율'로 사용했다고 전하고 있다. 현대의 측량기술로 측정해보니 피라미드 밑의 중심에서 밑의 모서리까지, 그리고 경사면까지 거의 정확하

『린드파피루스』에 따르면, 이집트 피라미드는 신성한 비율을 사용해 만들어졌다고 전해지는데, 이 비율은 계산해보면 거의 정확하게 황금비가 나온다.

게 황금비인 1 : 1.618이었다. 『린드파피루스』가 만들어졌던 시기에 바빌로니아인들은 이 비율에 특별한 성질이 있다고 생각했고, 피타고라스학파 또한 그랬다. 특히 피타고라스학파는 이 비율을 이용하여 그들의 상징인 정오각형 안에 별을 그려 넣었다. 정오각형의 각 꼭지점을 잇는 직선들이 만나는 비율이 모두 황금비였기 때문이다.

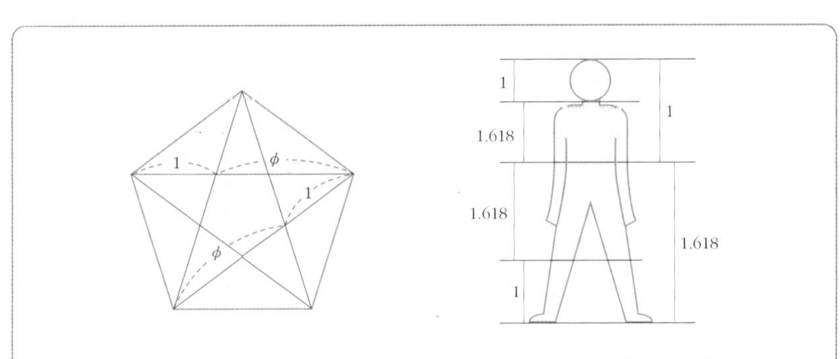

피타고라스학파의 상징이었던 별이 그려진 정오각형. 별의 각 변은 다른 변을 1:ϕ로 황금분할하고 있다.(왼쪽)
카논으로 설명되는 인체의 비례. 7등신이니 8등신이니 하는 것은 모두 인체의 비례를 두고 한 말이다. 그림은 인체에 나타나는 황금비이며, 이와 같은 몸매를 가지면 8등신이 된다.(오른쪽)

고대인들은 황금비에서 신비로움과 안정감을 느꼈다. 학자들은 고대 그리스로부터 중세에 이르기까지 대부분의 건축물과 조각상에서 황금비를 찾았는데, 대표적인 것으로는 그리스의 조각가인 페이디아스의 조각, 파르테논 신전과 다른 그리스 건축물, 1180년대에 세워진 클뤼니(Cluny)의 대수도원 등이 있다.

예술가들을 매료시킨 황금비

레오나르도 다 빈치(Leonardo da Vinci, 1452~1519)를 비롯한 르네상스 시대의 예술가와 건축가는 의도적으로 황금비를 사용했다. 15세기 후반 이탈리아 수학자인 루카 파치올리(Luca Pacioli)는 황금비에 관한 『신성한 비례』를 썼고, 150년 후에 케플러는 황금비와 신의 창조를 상징하는 『신성한 분할』을 썼다.

특히 보티첼리는 르네상스 시대의 화가들이 즐겨 사용했던 '자'라는 의미를 지닌 '카논(canon)'을 그림에 완벽하게 적용했다. 미술에서 카논이란 아름다움의 기준을 설정한 수학적 비례 법칙을 말한다. 르네상스 시대의 화가들은 아름다움은 신체의 각 부분들이 조화로운 비례를 이룰 때 탄생한다고 믿었다. 때문에 당시에 그려진 그림은 대부분 신체의 각 부분에 카논이 적용되었다. 인체의 여러 부분이 서로 아름다운 비례를 이룬다는 카논은 예술가들을 매료시켰기 때문에 자와

황금비를 이용해 지어진 클뤼니 대수도원. 그 외에도 고대부터 중세까지 대부분의 건축물은 황금비를 이용해 만들어졌다.

컴퍼스를 이용하여 각 부위를 세밀하게 측정하여 작품을 완성했다.

소실점과 수학

1435년 알베르티(Leon Battista Alberti, 1404~1472)는 르네상스 화가들의 교과서라고 불리는 『회화론』에서 판넬이나 벽의 2차원 평면 위에 3차원 장면을 그리는 방법인 원근법을 처음으로 설명했다. 이 책은 출간 직후부터 이탈리아 예술에 엄청난 영향을 끼쳤다. 알베르티는 그의 책에서 "나는 화가에게 가능한 모든 학문과 예술분야를 고루 섭렵하라고 권하고 싶다. 그러나 그 무엇보다도 기하학을 먼저 배워야 한다. 화가는 무슨 수를 써서라도 기하학을 공부해야 한다."라고 했다.

보티첼리와 같은 르네상스 화가들은 좀더 사실적인 그림을 그리기 위하여 알베르티가 주장한 것과 같이 유클리드기하를 연구하였다. 그 결과 등장한 것이 원근법이다. 원근법은 말 그대로 인간의 눈으로 볼 수 있는 3차원 사물의 멀고 가까움을 구분하여 2차원의 평면 위에 가장 사실적으로 묘사하는 회화기법을 말한다. 르네상스 시대에 원근법으로 그림을 그렸다는 사실은 인간의 지성이 한 단계 진보했다는 것을 의미한다.

수학적인 비례에 의한 완벽한 원근법을 투시화법이라고도 하는데, 맨 처음 투시화법을 발견한 사람은 교회 건물을 스케치하다가 소실점을 발견한 피렌체의 건축가 브루넬리스키(Brunelleschi, 1377~1446)이다. 소실점이란 평행한 두 직선이 계속 나아가다가 멀리 지평선 또는 수평

지평선과 소실점. 소실점은 수학에서 극한과 비슷한 개념이다.

선에서 없어지는 지점을 말한다. 지금부터 소실점이 수학적으로 어떤 의미가 있는지를 살펴보자.

수열의 극한

소실점과 수학과의 관계를 따지려면 먼저 수열을 알아야 한다. 1부터 시작하여 차례로 -2씩 곱하여 얻어진 수를 순서대로 나열하면 1, -2, 4, -8, 16, …이다. 또 자연수를 1부터 차례대로 제곱해 얻어지는 수를 순서대로 나열하면 1, 4, 9, 16, …이다. 이와 같이 어떤 규칙에 따라 차례로 나열된 수의 열을 수열이라고 하며, 수열을 이루는 각 수를 수열의 항이라고 한다. 수열의 각 항을 앞에서부터 첫째 항, 둘째 항, 셋째 항, …, n째 항 또는 제1항, 제2항, 제3항, …, 제n항이라고 한다. 그리고 항의 개수가 유한개인 수열을 유한수열, 무한개인 수열을 무한수열이라고 한다. 일반적으로 수열을 나타낼 때에는 각 항의 번호를 붙여 a_1, a_2, a_3, $\cdots$, a_n, $\cdots$과 같이 나타내고 이 수열을 간단히 기호로 $\{a_n\}$으로 나타낸다. 이때 제n항 a_n을 이 수열의 일반항이라고 한다.

무한수열 $\{a_n\}$에서 일반항이 $a_n=\frac{1}{n}$일 때, $\{a_n\}$은 $1, \frac{1}{2}, \frac{1}{3}, \cdots, \frac{1}{n}, \cdots$이고 $a_{1000}=\frac{1}{1000}=0.001$, $a_{10000}=\frac{1}{10000}=0.0001$과 같이 n이 한없이 커짐에 따라 일반항 a_n의 값은 한없이 0에 가까워진다. 또 무한수열 $\{a_n\}$의 일반항이 $a_n=1+\frac{(-1)^n}{n}$일 때, $\{a_n\}$은 $1, \frac{3}{2}, \frac{2}{3}, \frac{5}{4}, \cdots$와 같이 n이 한없이 커짐에 따라 일반항 a_n의 값은 1에 한없이 가까워진다. 이 두 수열을 그래프로 나타내면 다음과 같다.

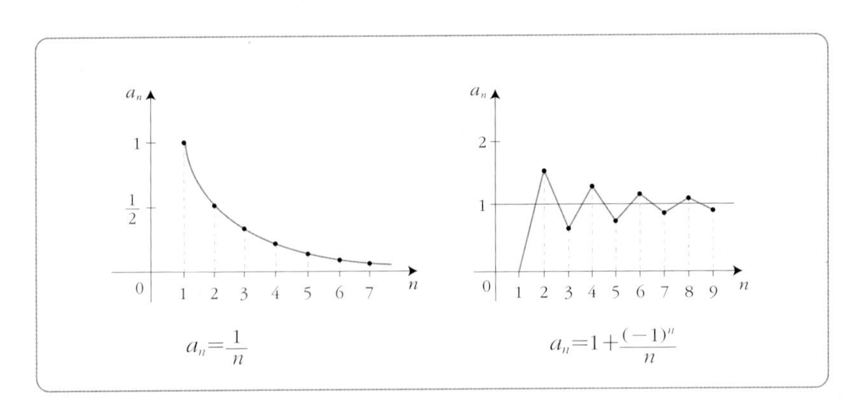

이와 같이 무한수열 $\{a_n\}$에서 n이 한없이 커짐에 따라, 수열의 일반항 a_n의 값이 일정한 값 α에 한없이 가까워지면 수열 $\{a_n\}$은 α에 수렴한다고 하고 α를 수열 $\{a_n\}$의 극한값 또는 극한이라고 한다. 이것을 기호로 $\lim_{n \to \infty} a_n=\alpha$와 같이 나타낸다. 이때 ∞는 한없이 커지는 상태를 나타내는 기호로 '무한대'라고 읽는다.

이와 같은 수학적 정의에 의하면 소실점은 점점 작아지다가 없어지는 점이므로 어떤 값 α에 수렴하는 수열과 같다. 특히 그림에 그려진 길의 폭이 점점 좁아져 저 멀리 지평선에서 사라지게 되는 것은 일반항이 $a_n=\frac{1}{n}$인 무한수열 $\{a_n\}$의 극한 $\lim_{n\to\infty}\frac{1}{n}=0$과 같다고 할 수 있다. 이와 같이 수열의 극한에 관한 내용은 기원전 2000년경의 고대 이집트와 바빌로니아의 수학에서도 찾아볼 수 있다.

피보나치의 『꽃』

다시 중세로 돌아가보자. 중세까지만 해도 기독교의 영향력은 대단했다. 그때까지 서양은 기독교 정신의 왜곡으로 인하여 고대의 찬란했던 문화와 문명은 점점 사라져갔다. 이런 분위기 속에서 중세 미술은 오직 기독교와 예수의 영광이 부각되도록 그려졌다.

이러한 중세적 사고방식을 바꿔, 모든 사물과 현상을 과학적으로 보기 시작한 때를 일컬어 르네상스라고 한다. 르네상스는 보통 14세기부터 시작되었다고 알려졌지만 수학과 과학에 능통했던 로저 베이컨은 이미 13세기에 다음과 같은 말로 르네상스의 시작을 알렸다.

"하나님은 이 세계를 유클리드기하의 원리에 따라 창조했으므로 인간은 그 방식대로 세계를 그려야 한다."

하지만 베이컨보다 한발 앞서 수학의 중요성을 깨달은 사람이 있었는데, 바로 레오나르도 피보나치(Leonardo Fibonacci)이다. 피보나치는 중세의 뛰어난 수학자로 몇 개의 저작을 남겼는데, 그 중 하나는 너무나도 잘 알려진 『산반서』이다. 앞의 두 항을 더해 다음 항이 되는 피보나치수열은 바로 이 책에 나오는 문제 중 하나이다.

피보나치의 또다른 책으로는 『꽃』이 있다. 이 책이 출간된 배경에는 다음과 같은 이야기가 있다. 피보나치가 살고 있던 이탈리아 피사는 당시 무역의 중심지였다. 그의 명성은 신성로마제국의 황제였던 프리드리히 2세에게까지 전해졌다. 황제는 그를 만나기 위해 피사를 방문했고 그에게 어려운 수학문제 세 가지를 냈다. 당시 아무도 풀지 못했던 이 문제를 모두 해결한 그는 세 문제 중에서 두 문제를 『꽃』이라는 책으로 발표하게 된다.

『꽃』에 실린 두 문제 중 하나는 3차방정식에 관한 문제로 $x^3+2x^2+10x=20$의 근을 구하는 것이다. 지금은 2차와 3차는 물론 4차방정식까

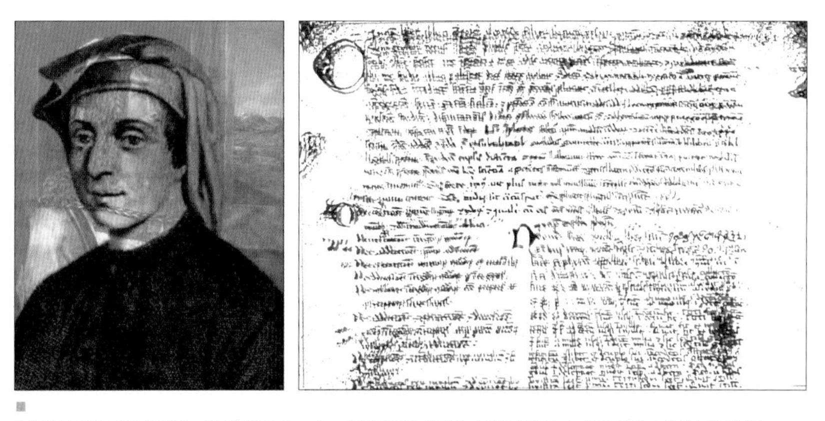

이탈리아 수학자 피보나치와 그의 책 『산반서』. 그는 아라비아에서 발달한 수학을 유럽에 소개함으로써 수학을 부흥시켰다.

지 근의 공식이 있어서 쉽게 해결할 수 있지만, 당시에는 이와 같은 대수 방정식에 관한 근의 공식이 없었기 때문에 결코 쉬운 문제가 아니었다.

『꽃』에 실린 또 다른 문제는 다음과 같은 것이었다. "3명이 저축한 돈을 적당히 나눠 가졌다. 그런 다음 첫 번째 사람은 자신이 가진 돈의 $\frac{1}{2}$을 내고, 두 번째 사람은 $\frac{1}{3}$을 내고, 세 번째 사람은 $\frac{1}{6}$을 내서 돈을 다시 모았다. 이 모은 돈을 다시 똑같이 3등분해서 나눠 가졌다. 그랬더니 첫 번째 사람이 가진 돈은 처음 저축액의 반이 되었고, 두 번째 사람은 처음 저축액의 $\frac{1}{3}$이 되었으며, 세 번째 사람은 처음 저축액의 $\frac{1}{6}$이 되었다. 그렇다면 처음 저축액은 얼마였으며, 이들은 각각 얼마씩을 가졌을까?"

당시의 문제와 풀이는 미지수 기호 x나 덧셈, 뺄셈 등과 같은 대수기호를 사용하지 않은 산문의 형태였다. 현재 우리가 공부하고 있는 수학은 수의 사칙계산과 방정식의 풀이 등과 같은 대수학과 도형을 다루는 기하학으로 나눌 수 있다. 그런데 대수학은 덧셈, 뺄셈, 곱셈, 나눗셈, 미지의 양을 나타내는 영어 알파벳의 마지막 글자, 상수나 고정된 양을 나타내는 알파벳의 앞 글자, 집합을 표시하는 여러 가지 괄호, 지수, 첨자, 거듭제곱근, 등호, 순열과 조합 기호, 로그표기 등 매우 많은 기호로 가득 차 있다. 이와 같은 기호와 표기법들은 겨우 400년 전부터 사용되기 시작한 것들이다.

상징적 대수학의 탄생

네셀만(G. H. F. Nesselmann)은 1842년 대수학에서 기호 사용의 역사적인 발달을 세 단계로 나누었다. 첫 번째는 어떠한 기호도 사용하지 않고 순전히 산문체로 쓴 '수사적 대수학(rhetorical algebra)' 이다. 두 번째는 자주 쓰이는 양이나 관계 또는 연산 등을 빨리 적기 위해 만들어진 '축약된 대수학(syncopated algebra)' 이며, 마지막 단계는 현재 우리가 사용하고 있는 여러 가지 기호를 사용한 '상징적 대수학(symbolic algebra)' 이다.

서기 약 250경의 알렉산드리아의 디오판토스 이전의 모든 수학은 수사적이었다. 디오판토스가 이룬 주요한 공헌 중 하나는 수사적이었던 수학을 축약적 수학으로 바꾼 것이다. 하지만 서유럽에서는 15세기까지도 대수학은 근본적으로 수사적인 상태였다. 15세기에 이르러서야 축약된 경우들이 조금씩 나타나기 시작했다. 상징적 대수학은 서유럽에서 16세기에 최초로 등장하게 되었지만 17세기 중반까지도 널리 확산되지 못했다. 따라서 레오나르도의 수사적인 문제풀이는 당시로서는 당연한 것이었다.

문제의 내용과 풀이가 주는 감동이 얼마나 컸으면 제목조차 『꽃』이라고 했을까? 이 문제를 풀며 800년 전에 레오나르도 피보나치가 느꼈을 수학적 아름다움을 느껴보는 것도 꽃이 흐드러지게 핀 화창한 봄을 만끽하는 한 방법이리라.

위대한 가문이 배출한 수학자, **오일러**

17세기 후반부터 유능한 수학자와 과학자를 많이 배출한 스위스 베르누이 가문은 수학과 과학의 역사에서 가장 뛰어난 가문 중 하나이다. 학문적으로 훌륭한 베르누이 가문의 사람들을 스승으로 두고 18세기에 수학 발전에 공헌한 위대한 수학자를 들면 오일러(Leonhard Euler), 푸리에(Fourier), 달랑베르(D'Alembett), 르장드르(Legendret), 라플라스(Laplace) 등을 들 수 있다. 이 중에서 오일러가 가장 뛰어난 수학자였다는 것은 누구나가 인정하는 사실이다.

오일러는 1707년 스위스의 바젤에서 태어났다. 처음에는 칼빈파 목사였던 아버지의 영향으로 신학을 공부했지만 자신의 재능은 수학에 있다는 것을 깨닫고 수학을 공부하기 시작했다. 그의 스승은 당시 유명한 수학자 요한 베르누이였다.

오일러의 천재성은 어려서부터 나타났는데, 19세 때에는 프랑스 학술원에서 상을 받았다. 그는 배에 돛을 다는 최적 위치에 관한 뛰어난 해석으로 이 상을 받은 것이다. 신기한 것은, 오일러가 이 결과를 발표할 때까지도 돛을 달고 바다를 항해하는 배가 없었다는 것이다.

오일러는 수학의 역사상 가장 많은 저술을 하였는데, 그 결과 수학의 각 분야에 그의 이름이 붙지 않은 곳이 없다. 오일러는 전 생애 동안 530편의 책과 논문을 발간했고 죽기 전까지 이후 47년 동안 상트 페테르부르크 학술원의 회보를 보강하기에 충분한 원고를 남겼다. 886점의 책과 논문 등을 담고 있는 오일러의 저작을 총망라한 기념집을 1909년 스위스 자연 과학회에서 만들기 시작했는데, 완성본은 사절판 73권에 이르는 방대한 분량이었다.

오일러는 1735년부터 오른쪽 눈을 실명했는데, 그 원인은 한 혜성의 궤도를 계산하기 위해 쉬지 않고 3일 동안 계산했기 때문이다. 그의 초상화가 대부분 왼쪽 얼굴만 그려진 것은 이 때문인 듯하다.

그는 1766년 캐서린(Catherine) 황제의 초청으로 상트 페테르부르크 학술원으로 갔는데 이때 오일러는 불행히도 시력을 완전히 잃었다. 그는 그의 나머지 17년의 생애를 그곳에서 보내고 1783년 9월 7일 76세의 나이로 세상을 떠났다.

3장
수학으로 풀어보는
'역사의 명장면'

忽
毛
周易

왕이시여! 기하학에는 왕도가 없습니다

유클리드기하학과 3대 작도 불가능문제

수학에는 왕도가 없다

'수학에는 왕도가 없다' 라는 말이 있다. 이 말은 열심히 노력하지 않으면 수학을 정복할 수 없다는 뜻인데, 여기서 과연 '왕도' 란 무엇일까? 이 말은 유명한 고대 수학자 유클리드가 당시 이집트 왕 프톨레마이오스 1세에게 한 말이다. 어떤 사람들은 이보다 약간 앞서 메나에크므스가 알렉산더 대왕에게 한 말이라고 한다.

■
고대 그리스 수학자 유클리드. 그는 '유클리드기하학' 의 대성자이다.

프톨레마이오스 1세는 알렉산더 대왕이 죽은 후에 이집트를 지배했던 왕이었다. 유클리드는 알렉산더 대왕이 세운 알렉산드리아 대학의 수학교수였다. 왕은 뛰어난 수학자인 유클리드에게 기하학을 배우고 있었는데, 왕은 기하학이 너무 어렵다며 유클리드에게 다음과 같이 물었다.

"기하학을 쉽게 배울 수 있는 방법이 없겠소?"

그러자 유클리드가 말했다.

"왕이시여. 길에는 왕께서 다니시도록 만들어놓은 왕도가 있지만, 기하학에는 왕도가 없습니다."

'왕도'는 기원전 330년 알렉산더 대왕에게 멸망당한 페르시아 제국이 만든 길로 다음과 같은 역사가 있다. 메소포타미아 지방은 기원전 1530년경에 고대 바빌로니아 왕국이 망하게 되자 혼란한 시대를 맞이하게 된다. 이런 혼란의 시대는 아시리아인들의 기병과 전차를 이용한 정복전쟁으로 기원전 900년경에 막을 내린다. 그러나 가혹한 폭정으로 인하여 기원전 610년경에 왕국이 멸망하고 다시 4개의 나라로 분리된다. 결국 기원전 525년에 페르시아가 당시의 오리엔트를 다시 통일하게 된다. 이것이 바로 '아케메네스 페르시아 제국'이다. 아케메네스 제국은 당시 3개 대륙에 걸친 대제국이었다. 동쪽으로는 아프가니스탄, 파키스탄의 일부에서부터 이란, 이라크 전체 흑해 연안의 대부분의 지역과 소아시아 전

아케메네스 페르시아 제국의 왕도였던 페르세폴리스 유적의 들머리. 주두 윗부분에 동물 장식을 놓았다.

체, 서쪽으로는 발칸 반도의 트라키아, 현재의 팔레스타인 전역과 아라비아 반도, 이집트와 리비아에 이르는 광대한 지역이 아케메네스 제국의 영토였다. 그리고 이때가 바로 유명한 수학자 피타고라스가 활동하던 시기이다.

페르시아 제국은 정복한 민족에게 풍습과 신앙의 자유를 주었다. 그리고 수도를 정치 중심지인 수사, 겨울 궁전인 바빌론, 여름 궁전인 에크바타나로 나누어 정했다. 그리고 수사와 소아시아의 사르데스를 잇는 약 2,400km의 길을 만들었는데, 이 길은 이 지역을 통치하는 데 필요한 왕의 명령을 전달하기 위하여 만든 것이다. 보통 사람이 3개월 걸려서 갈 것을 왕의 사자는 이 길을 이용하여 일주일 만에 당도할 수 있었다고 한다. 당시 이 길이 가장 빨리 도착할 수 있는 지름길이었다. 이것이 바로 우리가 말하는 '왕의 길' 즉 '왕도'로, 사르데스는 현재 터키의 이스탄불 남쪽에 있는 이즈미르 지역이며, 수사는 이라크의 바스라 북쪽 지역이다.

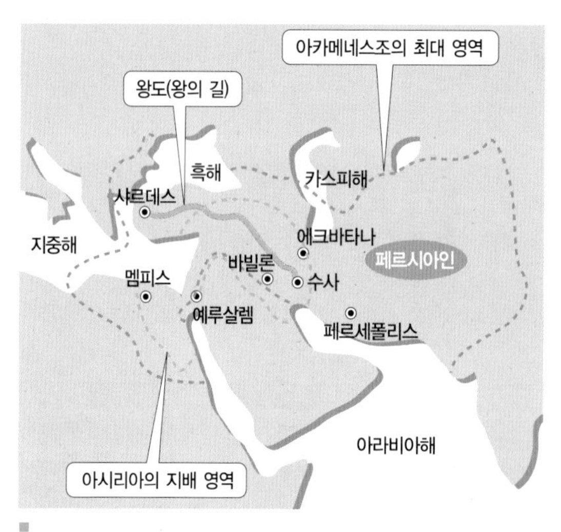

기원전 525년 오리엔트를 통일했던 아케메네스 페르시아 제국의 지도. 정치 중심지인 수사에서 사르데스까지 놓인 길이 바로 왕도이다.

유클리드기하학

왕도가 만들어졌던 기원전 600년경부터 기원전 300년까지의 시기는 수학의 역사에 있어서 대단히 중요한 시기이다. 이 시기에 유클리드는 『원론』이란 책을 통하여 기존의 수학을 하나로 통합했으며 무한소, 극한, 합의 과정 등과 관련된 수학적 개념을 발전시켰다. 그리고 수학을 이르는 말이었던 기하학은 원과 직선에서 곡선과 곡면을 연구하는 고등기하학으로 발전하게 되었다.

이 시기에는 도형을 작도하는 문제가 크게 유행했다. 작도란 눈금 없는 자와 컴퍼스만을 사용하여 도형을 그리는 것이다. 서양에서 눈금 없는 자와 컴퍼스만을 사용하여 작도하는 전통은 플라톤(Platon, BC 427~347)으로부터 시작되었다. 플라톤이 작도의 도구로서 자와 컴퍼스만을 고집한 이유는 "가장 완전한 도형은 직선과 원이며, 그래서 신은 직선과 원을 중요시 여긴다."라고 믿었기 때문이었다.

고대 그리스인들은 작도문제에 많은 관심을 보였다. 이중에서 가장 흥미로운 것은 3대 작도 불가능문제이다. 이 문제를 알아보기 위하여 먼저 눈금 없는 자와 컴퍼스만을 사용하여 작도하는 것이 무슨 뜻인지 살펴보자.

눈금 없는 자와 컴퍼스만으로 작도하여 얻을 수 있는 점의 위치는 원과 원, 원과 직선, 직선과 직선의 교차점밖에 없다. 또 선분의 길이는 위와 같은 방법으로 얻어지는 점끼리의 최단 거리이다. 따라서 이것을 유리수를 계수로 갖는 방정식으로 바꾸면, 결국 원과 직선을 나타내는 각종 방정식을 연립하여 그 방정식들을 만족하는 점의 위치를 구하여 구해진 점과 점 사이의 거리를 구하는 식을 찾는 문제가 된다. 이 사실을 대수적으로 표현하면 다음과 같다.

반지름이 r인 원의 방정식은 $x^2+y^2=r^2$이고 임의의 직선의 방정식은 $y=ax+b$이므로, 이와 같은 방정식을 푼다는 것은 결국 이 두 식이 결합된 2차방정식을 푸는 것과 같다. 그리고 2차방정식에서 근은 주어진 방정식의 근과 계수의 관계를 이용하면 구할 수 있다. 결국 2차방정식의 근은 미지수의 계수에 가감승제와 제곱근을 유한 번 사용하여 만들어지는 수들이다. 따라서 작도가 가능한 수는 유리수와 제곱근에 가감승제를 유한 번 사용하여 만들 수 있는 수이다. 이를테면 제곱하여 2가 되는 $\sqrt{2}$는 작도할 수 있어도, 세제곱하여 2가 되는 $\sqrt[3]{2}$은 제곱근을 유한 번 사용하여도 얻을 수 없는 수이므로 작도할 수 없는 수이다. 또한 원주율 π도 마찬가지 이유로 작도할 수 없다.

3대 작도 불가능문제

이제 3대 작도 불가능문제에 대하여 알아보자.

첫 번째 문제 : 임의의 각을 삼등분하여라.

이 경우는 작도가 되지 않는 예를 보여줌으로써 임의의 각을 삼등분할 수 없다는 것을 증명한다. 여기서는 크기가 60°인 각을 삼등분할 수 없음을 증명해보자. 오른쪽 그림에서 크기가 θ 인 각을 작도하는 것은 $\cos\theta$을 작도하는 것과 같다.

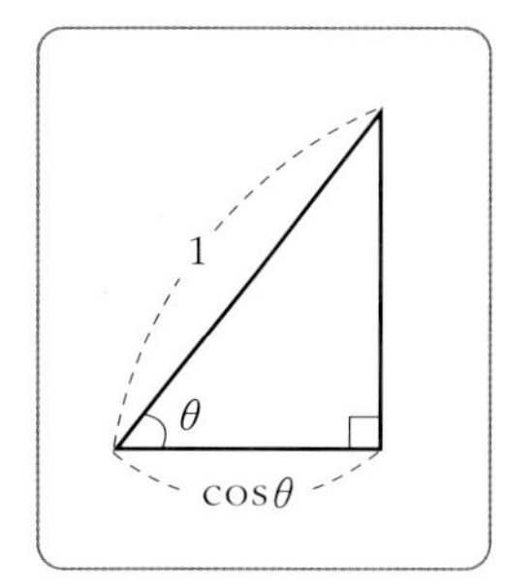

따라서 삼각함수의 두 가지 공식

$$\cos(x+y)=\cos x\cos y-\sin x\sin y$$

$$\sin(x+y)=\sin x\cos y-\cos x\sin y$$

를 이용하면 $\cos 3\theta=4\cos^3\theta-3\cos\theta$를 얻을 수 있다.

θ를 $60°$의 $\frac{1}{3}$인 $20°$라 하고 $\cos\theta=x$라 하면 $\cos 3\theta=\cos 60°=\frac{1}{2}=4x^3-3x$이므로 삼차방정식 $4x^3-3x=\frac{1}{2}$을 얻을 수 있다. 따라서 이 3차방정식의 근을 구하여 그 근이 제곱근에 의하여 얻어지면 작도가 가능하고 그렇지 않으면 작도가 불가능하다. 그런데 이 3차방정식의 근을 구하면 세 개의 서로 다른 실근이 나오고, 모두 세제곱근이다. 따라서 3차방정식의 근 $x=\cos\theta$는 작도할 수 없다. 그러므로 $\theta=60°$를 삼등분할 수 없다.

임의의 각을 삼등분하는 작도가 불가능하다고 해서 모든 각을 삼등분할 수 없다는 것은 아니다. 가령 직각을 눈금 없는 자와 컴퍼스만으로 삼등분하는 것은 아주 간단하다. 즉, 주어진 직각에 대하여 중심을 O로 하여 적당히 컴퍼스를 벌려서 적당한 반지름의 호 $\overset{\frown}{AB}$를 그리고 그 다음 A, B를 중심으로 하여 같은 크기의 반지름의 호를 그리면, 처음 호 $\overset{\frown}{AB}$

와 만나는 점 C, D가 생긴다. 그러면 직각 AOB는 반직선 $\overline{OC}$, $\overline{OD}$에 의하여 삼등분된다.

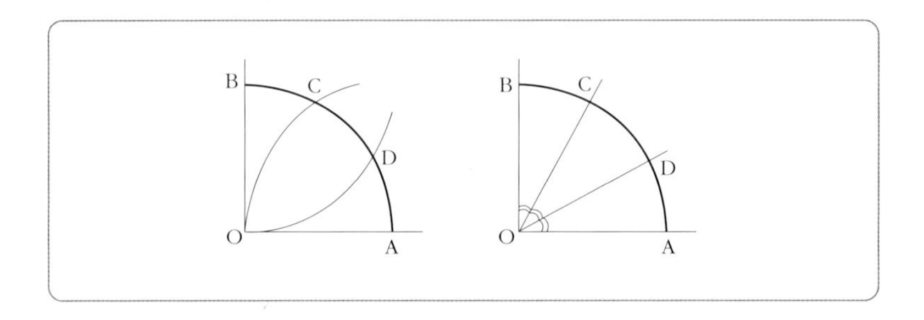

두 번째 문제 : 주어진 원과 같은 넓이의 정사각형을 작도하라.

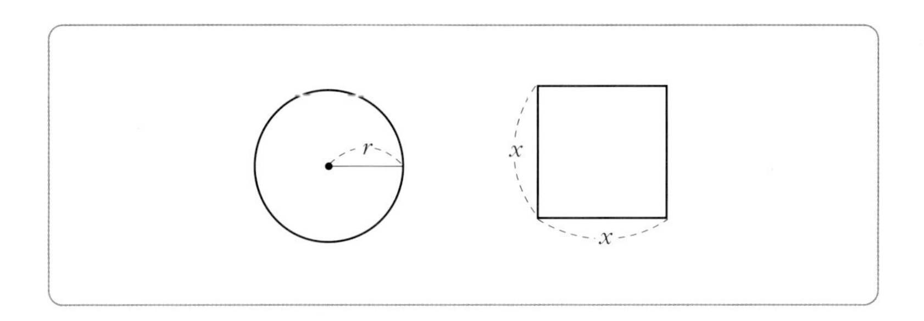

주어진 원의 반지름을 r, 작도하고자 하는 정사각형의 한 변의 길이를 x라고 하면

$x^2 = \pi r^2$, $r > 0$, $x > 0$이므로

$x = r\sqrt{\pi}$이다.

그러나 π가 작도 불가능이므로 $\sqrt{\pi}$도 작도 불가능이다. 그러므로 정사각형의 한 변의 길이 x를 작도할 수 없다.

세 번째 문제 : 주어진 정육면체의 부피의 두 배가 되는 부피를 갖는 정육면체를 작도하라.

이 문제에 대해서는 흥미로운 이야기 두 개가 있다. 하나는 고대 그리스의 시인으로부터 비롯된 것이다. 크레타 섬을 다스리던 미노스 왕이 그의 아들 글라우쿠스가 죽자 근사한 묘비를 만들라고 한 시인에게 명령했다. 시인은 정성들여 훌륭한 묘비를 완성했지만 미노스 왕은 묘비의 크기가 마음에 들지 않았다. 그래서 미노스 왕은 묘비의 크기를 두 배로 하라고 시인에게 명령했는데, 이때 시인은 묘비의 각 변의 길이를 두 배함으로써 묘비를 두 배로 만들 수 있다고 말했다. 이 같은 시인의 잘못된 생각은 기하학자들로 하여금 어떻게 하면 부피를 두 배로 늘릴 수 있는가 하는 문제에 빠져들게 했다.

또 하나는 그리스 신화에 나오는 의술과 음악, 예언과 활의 신인 아폴로에 관한 이야기이다. 어느 해에 그리스 전역에 대단히 무서운 전염병이 퍼졌다. 당시에는 의학이 발달하지 못하였기 때문에 사람들은 이를 신의 재앙이라고 여겼다. 사람들은 신전에 가서 신의 계시를 듣기로 했다. 신의 뜻을 가장 잘 알려주는 신전은 델피(Delphi)에 있는 아폴로 신전이었다. 따라서 사람들은 아폴로 신에게 해결책을 묻기 위해 열심히 기도했다. 아폴로 신은 그들의 정성에 감복하여 다음과 같은 계시를 내

■
아폴로 신전의 제단.

렸다.

"나의 신전 앞에 놓여 있는 정육면체의 제단은 그 모양은 좋으나 크기가 조화롭지 못하다. 따라서 이 제단의 모양은 그대로 두고 부피를 정확하게 두 배인 정육면체로 바꾸어라. 그러면 재앙은 사라지고 영원한 조화가 있으리라."

사람들은 이 계시를 듣고 크게 기뻐하며 매일 매일 열심히 일하여 제단의 개축에 힘썼다. 드디어 새로운 제단이 완성되었다. 그러나 전염병은 전혀 진정되지 않았다. 난처해진 원로원의 장로들은 저명한 수학자에게 그 원인을 규명해줄 것을 요청했다. 제단을 유심히 살펴보고 난 후 그 수학자는 다음과 같이 말했다.

"당신들은 참으로 어리석은 사람들이군요. 각 변의 길이를 두 배로 하면 부피는 8배가 되어 신의 노여움이 증가할 뿐이요."

결국 사람들은 부피를 두 배로 하려면 각 변의 길이를 얼마로 해야 하는지 몰랐던 것이다.

델피의 문제

부피를 두 배로 하려면 각 변의 길이를 얼마만큼 늘려야 할까? 바로 이것이 '델피의 문제'라고 불리는 정육면체의 배적에 관한 문제이다. 주어진 정육면체의 한 변의 길이를 a, 작도하고자 하는 정육면체의 한 변의 길이를 x라고 하자. 그러면 다음과 같은 공식이 나온다.

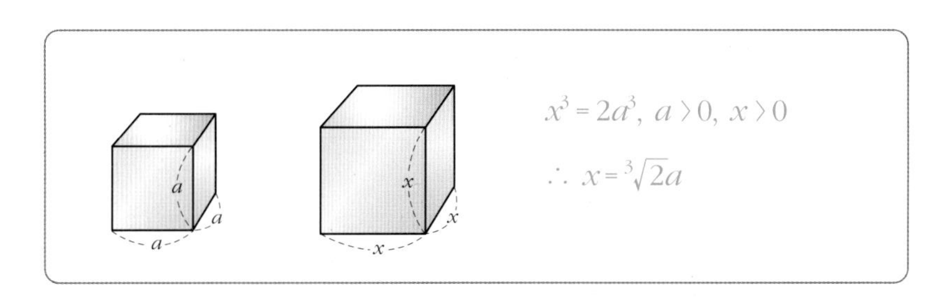

그런데 $\sqrt[3]{2}$는 작도 불가능이므로 x를 작도할 수 없다. 즉, 주어진 정육면체의 두 배의 부피가 되는 정육면체는 작도할 수 없다. 3대 작도 불가능문제는 거의 2000년 동안 풀리지 않다가 19세기에 이르러서야 세 가지 모두 작도가 불가능하다는 증명이 완성되었다. 자와 컴퍼스만으로 작도해야 한다는 유클리드기하학의 전통과 제약은 많은 수학자를 괴롭혀왔지만, 동시에 이 세 가지 문제를 풀기 위한 집요한 연구는 기하학을 한 단계 발전시켰다. 원추곡선(원, 쌍곡선, 포물선 등), 3차곡선, 4차곡선 등의 발견과 대수적인 영역에까지 영향을 미친 것이다.

오늘날 수학 발전의 밑거름은 3대 작도 불가능문제라고 해도 과언이 아니다. 이 증명을 모두 완성하기 위하여 2000년이 넘는 세월이 걸렸다. 역시 수학에는 왕도가 없나 보다.

수를 세는 여러 가지 방법

10진법과 60진법

토정비결과 주역, 그리고 60진법

토정비결은 연초에 한 해 신수(身數)를 알아보기 위해 보는 점복서 중 하나로 주역과 마찬가지로 음양(陰陽)설로 구성되어 있지만 다른 점이 있다. 주역은 생년월일시로 구성된 사주에 양(陽, —)과 음(陰, --)을 합하여 64괘(掛)를 만들고 이것을 이용하여 우주만물의 변화를 해석하는 데 반해, 토정비결은 생시를 제외하고 생년월일만으로 3괘를 만들기 때문에, 48괘만을 사용한다. 가장 근본적인 차이는 주

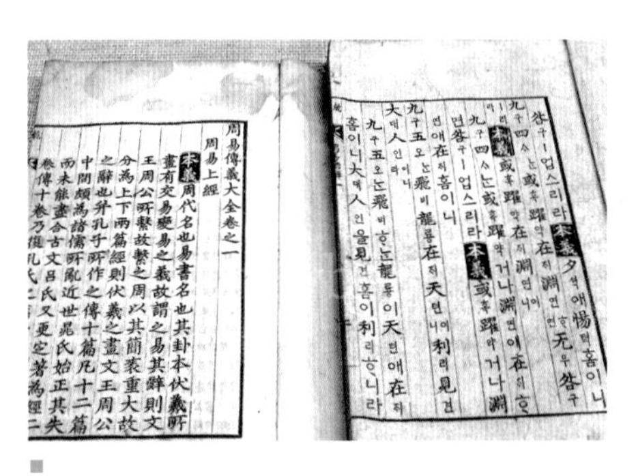
周易傳義大全卷之一
周易上經
本義 周代名也易書名也其卦本伏羲所
畫有交易變易之義故謂之易其辭則文
王周公所繫故繫之周以其簡袠重大故
分爲上下兩篇經則伏羲之畫文王周公
之辭也幷孔子所作之傳十篇凡十二篇
中間頗爲諸儒所亂近世晁氏始正其失
而未能盡合古文呂氏又更定著爲經二

주역을 한글로 번역한 고서. 주역은 총 64괘를 가지고 우주만물의 변화를 해석한다.

역은 인간의 수덕(修德)을 중요시하고 토정비결은 길흉화복을 중요시한다는 점이다.

토정비결과 주역은 수학적으로 매우 중요한 공통점을 가지고 있다. 그것은 바로 60진법이다. 여기에는 음양(陰陽)의 2, 오행(五行)의 5, 천간(天干)의 10, 지간(支干)의 12가 융합되어 있다. 음양과 더불어 동양철학의 근본을 이루는 것이 오행인데, 목(木), 화(火), 토(土), 금(金), 수(水)가 서로 순환하며 기운을 발한다는 사상이다. 음양은 수학적으로 2진법과 같으며, 오행은 5진법과 같다.

타고난 운명을 보통 사주팔자라고 하는데, 여기에는 10개의 천간과 12개의 지간이 들어 있다. 천간과 지간이 서로 순응하며 60개의 간지를 만들어내는데, 이를테면 음력으로 2008년 1월 1일 새벽 0시에 태어난 아이의 사주는 무자(戊子)년, 갑인(甲寅)월, 병자(丙子)일, 경자(更子)시이다. 여기서 팔자란 무, 자, 갑, 인, 병, 자, 경, 자의 여덟 글자를 말한다. 팔자의 천간과 지간 각각에는 고유한 음양과 오행이 결합되어 있으며, 그것으로 길흉화복을 점치는 것이 토정비결이다. 그리고 이것들이 온전히 순환하여 다시 처음으로 돌아오는 데 걸리는 기간이 바로 60년인데, 우리는 이것을 회갑(回甲) 또는 환갑(還甲)이라고 한다. 우리 조상들은 이와 같이 복잡하게 얽히고설킨 인간의 운명을 풀어나가고 인간의 도리를 다하며 덕을 쌓는 방법을 60진법을 사용하여 제시하려고 했다.

10진법과 60진법

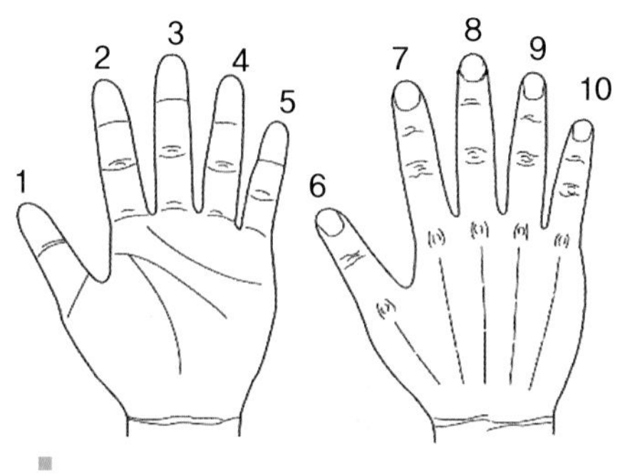

10진법은 인간의 손가락이 10개라는 단순한 이유에서 시작됐다.

우리가 사용하고 있는 10진법은 인간의 손가락이 10개라는 단순한 이유에서 출발했다. 큰 수를 셀 필요가 없었던 과거에는 수를 셀 때 손가락을 하나씩 꼽으며 세는 것이 당연한 일이었다. 그렇다면 왜 이렇게 쉽고 간단한 10진법을 놔두고 복잡한 60진법을 사용했을까? 많은 학자들은 다음과 같이 추측한다.

10은 60에 비해 융통성이 덜한 수이다. 약수를 보면 10은 2와 5뿐이지만, 60은 2, 3, 4, 5, 6, 10, 12, 20, 30 등 모두 열 개가 있다. 우리는 살면서 어떤 수를 2, 3, 4, 5 등의 수로 나눠야 할 때가 많다. 이 중 4로 나누는 것은 쿼터(quarter)라 하여 지금도 많이 사용하고 있는데 4는 10을 나눌 수 없으나 60은 나눌 수 있으므로 10진법보다는 60진법이 소수의 복잡한 계산을 피할 수 있다. 요즘은 계산기와 컴퓨터가 있기 때문에 소수의 계산도 손쉽게 할 수 있지만 불과 몇 십 년 전만 해도 소수의 계산은 상당히 번거롭고 까다로운 일이었다.

농구 경기는 $\frac{1}{4}$을 뜻하는 쿼터로 나뉜다.

실제로 수직선상에서 0과 1의 구간을 10등분하여 0.1, 0.2, 0.3, …, 0.9, 1 등으로 표시할 수 있고, 등분된 각각의 작은 구간을 다시 10등분하면 0.01, 0.02, …, 0.09, 0.1 등으로 표시할 수 있다. 이와 같은 방법으로 계속해나가면 분수로 표현된 수를 소수로 고칠 수 있게 된다. 그러나 3이 10의 약수가 아니기 때문에 이런 방법으로는 간단한 분수인 $\frac{1}{3}$ 조차도 소수로 나타낼 수 없다. 이것이 바로 10진법의 약점이다.

하루가 24시간이 된 이유

60진법은 지금도 흔히 사용되고 있다. 60진법을 가장 쉽게 접할 수 있는 것은 아마도 시간 측정법일 것이다. 그렇다면 왜 시간을 60진법으로 측정할까? 여기에는 여러 가지 학설이 있는데, 다음 이야기가 가장 신빙성이 있다.

기원전 3500년 전의 것으로 알려진 바빌로니아의 점토판을 보면 바빌로니아인들의 수학 실력을 알 수 있다. 그들은 유사 이래 인류가 사용했던 진법 중에서 가장 복잡한 60진법을 사용했다. 1시간을 60분으로 나누고 원을 360등분한 것은 그들로부터 유래되었다.

당시 바빌로니아에는 '바빌로니아 마일' 이라는 거리를 재는 단위가 있었다. 이 바빌로니아 마일은 약 11.2km 되는 거리인데, 그들은 이것을 시간의 단위로도 사용했다. 즉, 바빌로니아 사람들은 '1바빌로니아 마일을 가는 데 걸리는 시간' 을 그들의 시간 단위로 사용한 것이다. 이

단위를 사용하면 사람들이 하루 동안 걸어갈 수 있는 거리가 12바빌로니아 마일이 된다. 그래서 그들은 하루의 시간을 12바빌로니아 마일로 정했다.

바빌로니아 사람들은 처음으로 하루를 12등분하여 시간을 정하기는 했지만, 12등분된 간격이 너무 컸기 때문에 사용하는 데 불편함을 느꼈다. 그래서 그들은 간격을 60진법의 반인 30으로 세분하게 되었다. 이렇게 하여 하루는 $12 \times 30 = 360$ 간격으로 나뉘게 되었다. 더욱이 그들은 하루가 되려면 하늘이 지구를 한 바퀴 돌아야 한다고 생각하고 있었기 때문에 자연스럽게 원을 360등분하게 되었다. 이것이 현재 우리가 원을 360등분하고, 하루의 시간을 24시간이라고 정하게 된 이유이다.

고대 국가들의 수 세는 방법

바빌로니아인들은 작은 점토판에 철필이나 나무막대를 사용하여 그들의 숫자와 문자를 표시했는데, 이런 문자와 숫자들은 그 모양 때문에 쐐기문자 또는 설형문자(楔形文字)라고 부른다. 점토판은 계산하기 어려운 덧셈이나 곱셈 그리고 나눗셈의 값을 철필로 긁어낸 후 구워서 만들었다. 바빌로니아인들은 우리가 현재 사용하는

바빌로니아인들은 점토판에 숫자와 문자를 표시했는데, 이것을 쐐기문자라고 부른다.

것처럼 수의 위치에 따라 나타내는 값이 달라지는 방법을 사용했다. 그들은 1과 10, 빼기 기호를 다음과 같이 표기했다.

25 =
20 + 5

83 =
60 + 23

38 =
40 − 2

11137 =
3×3600 + 5×60 + 37

수를 표현하는 방법은 이것 말고도 많은데, 그중 몇 가지를 잠시 살펴보자. 옛날에는 숫자에 관한 기호가 없었기 때문에 일대일 대응원리를 이용하여 개수를 확인했다. 세고자 하는 물건에 조약돌을 하나씩 대응시켜 얼마만큼 많은지 확인하는 것이었다. 그래서 고대에는 점이나 조약돌을 늘어놓아 수를 나타냈다. 계산을 뜻하는 영어 'calculation'이 라틴어로 조약돌을 뜻하는 '칼쿨루스(calculus)'에서 유래한 것도 이 때문이다.

시간이 지나면서 수를 세는 기술도 점차 발전하였고, 이에 따라 수 기호도 함께 발전했다. 같은 부족 또는 같은 민족끼리는 같은 기호를 사용했지만, 서로 멀리 떨어져 있는 부족과 민족은 서로 다른 수 체계를 발전시켜나갔다.

고대 이집트인들은 기원전 3300년부터 수에 대한 기호체계를 가지고 있었고, 그들이 사용했던 상형문자는 이미 상당히 발전해 있었다. 이집트인들이 사용했던 숫자 1에 대한 상형문자는 수직 모양의 막대기였다. 10은 팔꿈치 또는 손잡이로 나타냈고, 100은 두루마리 그림 또는 밧줄 감은 것으로 표시했다. 1000은 연꽃, 10000은 손가락 또는 나일 강가의 파피루스 잎, 100000은 올챙이, 1000000은 팔을 들고 있는 사람으로 나타냈다. 그리고 무한대는 태양으로 나타냈다.

인도-아라비아 숫자	이집트 숫자
1	
10	
100	
1000	
10000	
100000	
1000000	
무한대	

여러분이 만약 10진법을 사용했던 고대 이집트인이라면, 그들의 관습대로 오른쪽에서 왼쪽으로 숫자를 써서 다음과 같이 표시했을 것이다.

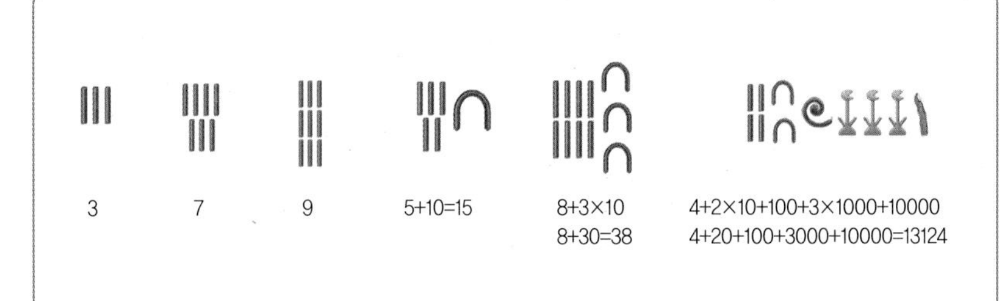

고대 그리스인들은 두 가지의 서로 다른 수 체계를 이용했다. 그중 한 가지 방법은 기원전 500년까지 사용해온 것으로 그 숫자를 뜻하는 단어의 머리글자를 이용하는 것이었다.

그리스 숫자	I	Δ	H	X	M	Γ	𐅄	𐅅	𐅆	𐅇
기호	1	10	100	1000	10000	5	50	500	5000	50000

그리스인들의 수 체계도 이집트인들과 마찬가지로 다음 그림과 같이 반복적으로 늘어놓는 것이었다. 그런데 그리스인들은 숫자 5를 이용하여 수를 간단히 쓰는 방법을 고안했다. 50, 500, 5000, 50000을 다음과 같이 표시했고, 이를 이용해 수를 짧게 표기했다.

2857= XX 𐅅 HHH 𐅄 Γ II
2000+500+300+50+5+2

바빌로니아인, 고대 이집트인 그리고 그리스인이 사용했던 이 같은 수 표현 방법을 '단순 그루핑법(simple grouping system)'이라고 한다. 이 방법에서는 어떤 수 b가 밑수로서 취해지면 1, b, b^2, b^3, … 등의 기호가 선택된다. 그런 다음에 어떤 수든지 이 기호를 요구된 수만큼 반복적으로 되풀이하여 수를 표현하는 것이다. 단순 그루핑법은 말 그대로 단순하긴 하지만 큰 수를 나타낼 때는 매우 불편하다.

단순 그루핑법은 '승법적 그루핑법(multiplicative grouping system)'으로 발전했다. 이 방법에서는 밑수 b가 취해지면 1, 2, …, $b-1$의 기호와 또 다른 집합 b, b^2, b^3, … 등의 기호가 선택된다. 그런 다음 이 두 집합의 기호를 승법적으로 이용하여 수를 표현한다. 대표적인 예로 전통적인 한문 수 체계가 있다. 이를테면 6473은 $b=10$으로 십(十), 100은 백(百), 1000은 천(千)으로 사용하여 '6千4百7十3'과 같이 표시한다.

승법적 그루핑법보다 약간 더 복잡한 방법으로는 '암호 수 체계(ciphered numeral system)'가 있다. 이것은 숫자 각각을 어떤 특정한 기호로 바꾸어 나타내는 방법이다. 대표적인 예는 고대 그리스인들이 사용했던 수 체계가 있다. 그들은 앞서 소개했던 단순 그루핑법 이외에 그들의 알파벳을 숫자로 사용하는 암호 수 체계를 사용했다. 오른쪽 표는 그들이 사용했던 암호 수 체계로 각 문자에 숫자를 대응시킨 것이다.

Alpha	Beta	Gamma	Delta	Epsilon	Digamma	Zeta	Eta	Theta
$A\alpha$	$B\beta$	$\Gamma\gamma$	$\Delta\delta$	$E\varepsilon$	ϛ	$Z\zeta$	$H\eta$	$\Theta\theta$
1	2	3	4	5	6	7	8	9
Iota	Kappa	Lambda	Mu	Nu	Xi	Omicron	Pi	Koppa
$I\iota$	$K\varkappa$	$\Lambda\lambda$	$M\mu$	$N\nu$	$\Xi\xi$	Oo	$\Pi\pi$	ϙ
10	20	30	40	50	60	7	80	90
Rho	Sigma	Tau	Upsilon	Phi	Chi	Psi	Omega	Sampi
$P\rho$	$\Sigma\sigma$	$T\tau$	$\Upsilon\upsilon$	$\Phi\phi$	$X\chi$	$\Psi\psi$	$\Omega\omega$	ϡ
100	200	300	400	500	600	700	800	900

★ Digamma, Koppa, Sampi는 지금은 없어져서 사용되지 않는다.

그런데 문자를 사용하여 수를 나타내면 어떤 경우가 단어이고 어떤 경우가 숫자인지 알기 힘들다. 그래서 그들은 수를 나타낼 때는 문자의 위에 선을 그어 표시했다. 이를테면 $37=\overline{\lambda\zeta}$, $758=\overline{\psi\varepsilon\eta}$와 같이 수를 나타냈다.

마야인들의 숫자 세기

500년대 초 마야 인디언들은 현재 우리가 사용하고 있는 것과 같은 위치 수 체계를 가지고 있었을 뿐만 아니라 영(0)에 대한 표시법도 가지고 있었다. 또한 그들은 그들의 수 체계로 연월일을 표시한 달력도 가지고 있었다. 특이한 것은 1년 365일에 18개의 달이 있고, 각 달은 20일이었으며 매년 마지막 5일은 휴일로 했다는 점이다.

숫자	마야숫자	숫자	마야숫자
0		10	=
1	·	11	· =
2	··	12	·· =
3	···	13	··· =
4	····	14	···· =
5	—	15	≡
6	· —	16	· ≡
7	·· —	17	·· ≡
8	··· —	18	··· ≡
9	···· —	19	···· ≡

마야의 수 체계는 20진법이었으며 수를 세로로 표기했다. 또한 그들은 을 영으로 사용했다. 십진법의 경우는 일, 십, 백, 천, 만 등과 같이 수 단위가 일정하게 올라가지만 마야인들은 20진법을 사용하면서도 1, 20, 360을 이용했다.

그 이유는 앞에서 설명한 것과 같이 1년을 18개월로 하고 한 달을 20일로 했기 때문이다. 그래서 세 번째 자리가 20×20=40이 아닌 20×18=360이었기 때문에 엄밀하게 말하면 마야의 수 체계는 20진법이라고 할 수는 없다. 2733과 7080은 다음과 같이 나타냈다.

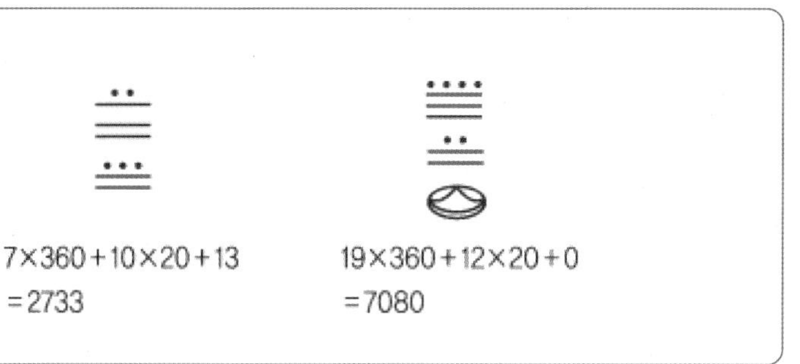

인류 역사와 함께한 숫자 세기

오늘날 우리가 사용하고 있는 숫자는 인도-아라비아 기호이다. 숫자에 대한 이런 기호의 기원은 확실치는 않지만, 기원전 500년 초에 중앙 인도에서 처음 사용되었다고 알려져 있다. 아라비아인들은 인도와 무역을 하면서 인도인들에게 수를 쓰고 계산하는 방법을 배웠다. 이것이 아라비아인에 의해 유럽에 전해지면서 세상에 알려지기 시작했다. 사람들은 이것을 손으로 써 기록하였고, 후대인들은 이 모양을 본떠 다른 책에 기록했다. 결국 많은 사람들의 손을 거쳐 복사되면서 형태가 조금씩 변하게 되었다. 1450년경 인쇄술의 발명으로 그 모양이 오늘날 우리가 사용하고 있는 것과 비슷한 형태로 고정되었다.

우리가 사용하고 있는 이 10개의 숫자들이 태어나기까지는 5,000년 이상이 걸렸다. 여기에는 여러 국가와 민족이 참여했으며 뛰어난 수학자들이 이를 가다듬고 발전시켰다. 이러한 사실을 알고 나면 어쩐지 숫자가 신성하게 느껴진다. 그 속에는 전 인류의 지혜와 숨결이 녹아 있는 것이다. 이렇듯 수학은 인간이 만들어낸 최고의 발명품이다.

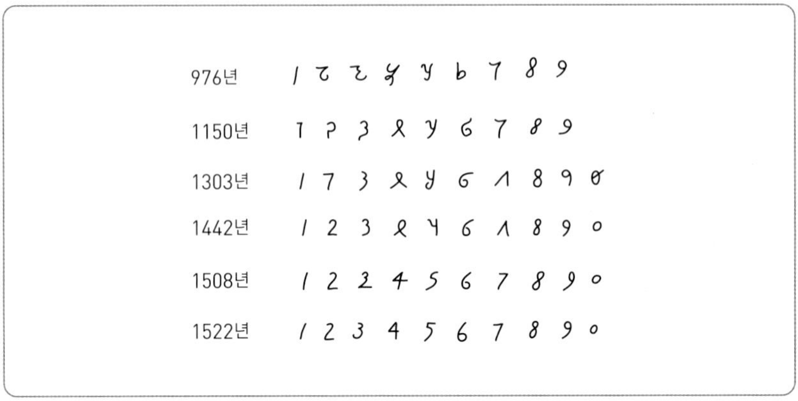

976년

1150년

1303년

1442년

1508년

1522년

미국 국회의 어떤 의원은 나쁜 놈이다

명제와 역설

마크 트웨인의 명제

『톰 소여의 모험』『허클베리 핀의 모험』으로 널리 알려진 소설가 마크 트웨인은 1835년 11월 30일 미국 미주리 주에서 가난한 개척민의 아들로 태어났다. 그는 많은 작품을 발표했는데, 특히 『도금시대』에서 부패한 미국 정부와 정치인 그리고 자본가의 야비한 실체를 적나라하게 폭로했다. 이 소설이 출간되자 기자들은 마크 트웨인에게 미국 정치인들에 대한 그의 생각을 물었다.

"미국 국회의 어떤 의원은 나쁜 놈이다."

기자들은 이 말을 그대로 신문에 발표했고, 당시 미국 국회의원들은 일제히 마크 트웨인을 비난했다. 국회의원들은 마크 트웨인이 자신의 잘못을 인정하는 성명을 발표하지 않으면 법적인 조치를 취하겠다고 위협했다. 그러자 마크 트웨인은 『뉴욕 타임스』에 다음과 같은 성명서를

■
소설가 마크 트웨인. 남북 전쟁 후에는 사회 현실을 풍자한 소설을 많이 썼고, 미국의 제국주의적 침략을 비판하고 반전 활동에 열성적으로 참여했다.

발표했다.

"내가 며칠 전에 '미국 국회의 어떤 의원은 나쁜 놈이다' 라고 했는데, 사람들은 그것이 사실이 아니라고 말했다. 그래서 곰곰이 생각해보니 그 말은 잘못된 것이었다. 따라서 나는 오늘 특별히 성명을 발표하여 지난번 내가 했던 말을 부정하여 다음과 같이 수정한다. '미국 국회의 어떤 의원은 나쁜 놈이 아니다.'"

마크 트웨인은 자신의 말이 잘못되었다고 시인하기는 했지만, 교묘한 방법으로 미국 국회의원을 경멸하며 자신의 뜻을 굽히지 않았다.

명제와 조건의 개념

마크 트웨인의 말에 대한 정확한 부정을 알기 위해서는 명제와 조건의 개념을 알아야 한다.

'명제' 는 참이나 거짓을 판별할 수 있는 문장이나 식을 말한다. 이를테면, '오늘은 어떤가?' 라든지 '내일 만나자' 와 같은 문장은 참인지 거짓인지 알 수 없다. 따라서 이것은 명제가 아니다. 하지만 '5월 5일은 어린이날이다', '해는 달이다'와 같은 문장은 참인지 거짓인지를 정확하게 판별할 수 있으므로 명제이다.

이번에는 조건에 대해 알아보자. 예를 들어 'x는 자연수이다'라는 문장이 있다고 치자. 여기서 x가 2일 경우에는 '2는 자연수이다'가 되어 처음 문장은 참이 된다. 하지만 x가 -3일 경우에는 '-3은 자연수이다'가 되어 처음 문장은 거짓이 된다. 이처럼 변수 x를 포함하는 문장이나 식이 x의 값에 따라 참과 거짓이 결정될 때, 이것을 '조건'이라고 한다. 이를테면 '2는 자연수이다'는 참, 거짓을 판별할 수 있으므로 명제이고, 'x는 자연수이다'는 x의 값에 따라 참이나 거짓이 되므로 조건이다.

그런데 두 개 이상의 조건으로 명제를 만들 수 있다. 이를테면, 조건 p는 'x는 자연수이다'이고, 조건 q는 'x는 음수이다'일 때, 'p이면 q이다'는 'x가 자연수이면, x는 음수이다'가 된다. 이는 참, 거짓을 판별할 수 있으므로 명제가 된다. 이때 앞의 조건 p를 가정이라 하고, 뒤의 조건 q를 결론이라고 한다. 'p이면 q이다'는 기호를 사용하여 '$p \to q$'로 나타낸다. 어떤 명제나 조건 p에 대하여 'p가 아니다'를 p의 '부정'이라고 하며, 이것을 기호로 '$\sim p$'로 나타낸다. 이를테면 위의 조건 p의 부정은 'x는 자연수가 아니다'이고, 명제 '2는 자연수이다'의 부정은 '2는 자연수가 아니다'이다.

명제나 조건을 부정할 때 주의할 점은 뜻을 정확히 판단해야 한다는 것이다. 예를 들어 조건 'x는 짝수이다'의 부정을 생각해보자. x가 짝수가 아니면 홀수가 된다고 생각하여 'x는 홀수이다' 라고 하면 잘못된 것이다. 조건 'x는 짝수이다' 의 부정은 'x는 짝수가 아니다' 이다. 왜냐하면 짝수가 아닌 수에는 홀수 이외에도 0이나 분수 또는 무리수와 같은 수가 얼마든지 있기 때문이다. 일반적으로 명제 p가 참이면 $\sim p$는 거짓이고, 명제 p가 거짓이면 $\sim p$는 참이다. 따라서 조건을 사용한 명제 'p이면 q이다' 가 참이면 그의 부정은 거짓이 되어야 하고, 명제가 거짓이면 그의 부정은 참이 되어야 하므로 'p이면 q가 아니다' 가 된다.

사실 엄밀하게 따지면 마크 트웨인이 한 말은 명제가 될 수 없지만, 그의 말을 수학적인 명제라고 생각하여 가정과 결론으로 분리하여 다시 표현하면 다음과 같다.

가정(p) : x는 미국 국회의원이다.
결론(q) : x는 나쁜 놈이다.
'x가 미국 국회의원이면 x는 나쁜 놈이다'

따라서 '미국 국회의원은 나쁜 놈이다' 의 부정은 '미국 국회의원은 나쁜 놈이 아니다' 이다. 이렇게 따지면 마크 트웨인이 사과한 문장이 원래 문장의 부정이 되어 모든 것이 자연스러워 보인다.

그러나 명제에는 다른 중요한 요소가 하나 더 있다. 바로 '전칭' 과 '한정' 이다. '모든' 을 뜻하는 전칭은 기호 '∀' 로 나타내고 '어떤' 을 뜻하는 한정은 기호 '∃' 로 나타낸다. 예를 들어 '자연수는 짝수이다' 에 전칭과 한정을 적용하면 전혀 다른 의미로 바뀐다. '모든 자연수는 짝수이다' 라고 하면 이 명제는 거짓인 명제가 되고, '어떤 자연수는 짝수이다' 라고 하면 이 명제는 참인 명제가 되는 것이다. 그러므로 명제나 논쟁에서 '모든' 과 '어떤' 은 매우 중요한 요소가 된다. 그리고 '모든' 의 부정은 '어떤' 이 되고, 마찬가지로 '어떤' 의 부정은 '모든' 이 된다. 이제 마크 트웨인의 말을 다시 한 번 생각하며 다음 네 개의 문장을 살펴보자.

① 전칭긍정판단 : 미국 국회의 모든 의원은 나쁜 놈이다.
$(\forall p \rightarrow q)$
② 전칭부정판단 : 미국 국회의 모든 의원은 나쁜 놈이 아니다.
$(\forall p \rightarrow \sim q)$
③ 한정긍정판단 : 미국 국회의 어떤 의원은 나쁜 놈이다.
$(\exists p \rightarrow q)$
④ 한정부정판단 : 미국 국회의 어떤 의원은 나쁜 놈이 아니다.
$(\exists p \rightarrow \sim q)$

마크 트웨인은 ③과 같이 말을 했는데, 그 말의 부정 $\sim(\exists p \rightarrow q)$은 ④의 $\exists p \rightarrow \sim q$가 아니고, ②의 $\forall p \rightarrow \sim q$가 되는 것이다.

마크 트웨인은 고도의 궤변으로 미국 국회의원들을 조롱한 것이다. 일상생활에서도 논리와 궤변을 구분하지 못하여 실수를 하는 경우가 종종 있다. 그렇다면 이들을 학문적으로 다루고 있는 논리학과 궤변론은 어떤 것일까?

논리학은 인간의 사유(思惟)의 형식과 법칙을 연구하는 과학이다. 따라서 논리학을 공부하면 새로운 지식을 탐구하는 데 필요한 논리적 도구를 배우게 되고, 글을 쓰거나 토론을 할 때 조리 있고 설득력 있게 자신의 의견을 피력할 수 있게 된다.

반면에 궤변론은 무의식적으로 논리적 오류를 범하는 것이 아니라 고의적으로 논리적 오류를 이용하여 자신의 주장을 그럴듯하게 드러내는 것이라 할 수 있다. 주어진 논제를 슬그머니 바꾸어놓거나 의식적으로 논거(論據)를 날조하거나 순환적 논거를 사용하는 것이 그 예이다. 이 중 순환적 논거를 사용한 예를 살펴보자. 중세의 관념론자들은 '하느님은 존재한다'에 대한 논증으로 다음과 같이 말했다.

"우리는 하느님을 모든 아름다움의 총체라고 생각한다. 그런데 모든 아름다움의 총체에 속하는 것은 무엇보다도 먼저 존재하는 것이다. 왜냐하면 존재하지 않는 것은 분명히 완전한 아름다움을 가질 수 없기 때문이다. 그러므로 우리는 반드시 존재를 하느님의 완전한 아름다움 속에 넣어야 한다. 그러므로 하느님은 분명히 존재하는 것이다."

이 주장에서 그들은 '하느님은 존재한다'는 논거를 논증하기 위해

'하느님은 아름답다' 라는 논거를 사용했고, '하느님은 아름답다' 는 것을 논증하기 위해 '하느님은 존재한다' 는 논거를 사용했다. 이것이 바로 순환적 논증이다.

추리소설 속에 숨어 있는 수학, 증명

그렇다면 논증이란 무엇일까? 수학에서는 논증을 증명이라고 한다. 논증이란 참임이 이미 확증된 명제에 근거하여 어떤 명제가 참이라는 것을 확인하는 과정이다. 일상생활에서 서로 자기들의 의견을 교환하고 토론을 할 때 상대방에게 자기의 주장이 옳음을 확신시키는 과정도 논증이다. 논증을 옳게 하려면 우선 논증하려는 것이 정확한가를 검토해야 한다. 그리고 논증을 하기 위한 자료들을 충분히 수집해야 하고 논증 방식에 대하여 구체적으로 연구해야 한다.

그러나 어떤 논제에 대하여는 정확하게 논증할 수 없는 경우도 있다. 이와 같은 경우를 '역설(paradox)' 이라고 한다. 다음은 러셀(Bertrand Russell, 1872~1970)이 1919년에 펴낸 『수리 철학 입문』에 등장하는 '이발사의 역설' 이다.

러셀은 영국의 논리학자이자 수학자로, 『수학원리』와 『철학의 제문제』를 지었다.

"어느 마을에 단 한 명의 이발사가 있다. 이 이발사는 자신의 수염을 스스로 깎지 않는 마을 사람들의 수염을 깎아준다고 한다.

그러면 이 이발사는 자신의 수염을 깎을 것인가, 깎지 않을 것인가?"

이발사 자신의 수염이 자라서 수염을 깎으려니 스스로 수염을 깎는 사람은 수염을 깎아 주지 말아야 하므로 이발사는 자신의 수염을 깎아야 하는지 말아야 하는지 알 수가 없다. 이 문제를 수학적으로 바꾸어 보자.

자기 자신을 원소로 갖지 않는 집합들 전체의 집합을 N이라 하면 집합 N은 다음과 같이 나타낼 수 있다.

$N=\{A \mid A \notin A,\ A$는 집합$\}$

만일 $N \in N$이면 집합 N의 정의에 의해 $N \notin N$이다. 반대로 $N \notin N$이면 마찬가지로 집합 N의 정의에 의해 $N \in N$이다. 즉, $N \in N \Leftrightarrow N \notin N$이 되므로 모순이다. 이처럼 모순이 되는 표현에는 '예외 없는 규칙은 없다', '이 문장은 거짓이다' 등이 있다.

수학 이외에 논증이 가장 많이 쓰이는 것은 아마도 추리소설일 것이다. 추리소설은 탐정이나 형사 등을 주인공으로 하여 범죄나 사건을 해결하는 내용을 담고 있다. 추리소설에 등장하는 주인공은 대부분 뛰어난 추리력과 예리한 관찰력 그리고 독특한 개성을 지녔다. 소설의 재미를 위하여 주인공의 동료나 조수가 사건을 기록하거나 이야기의 흐름을 설명하는 화자로 등장하기도 하는데, 대표적인 예가 셜록 홈스와 함께 나오는 의사 왓슨이나, 포와로와 함께 나오는 헤이스팅스가 있다. 이들은 나름대로 열심히 추리를 하지만 항상 친구인 탐정들보다 한발 늦는다. 때문에 사건의 전말은 항상 주인공이 아닌 친구들이 대신 독자에게 전달해주는 경우가 많다.

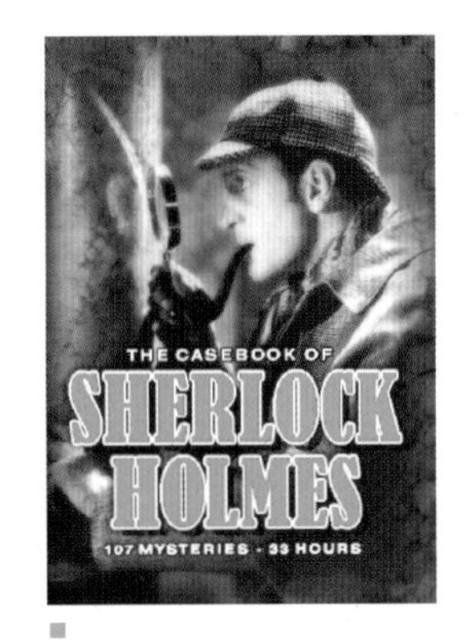

영국의 추리소설가 A. C. 도일이 쓴 추리소설 속 주인공 셜록 홈스. 식물학, 화학, 해부학에 정통하며 뛰어난 추리력으로 사건을 해결하는 명탐정이다.

인간의 사고력에는 본질적으로 추리능력이 포함되어 있기 때문에 예로부터 전해 내려오는 이야기에는 추리적인 요소가 많이 있다. 추리소설은 재미있게 읽으면서 수학은 어렵다고 생각하는 사람들은 추리소설에 담겨 있는 수학적 요소를 찾아보는 것도 좋을 것이다. 이는 쉽고 재미있게 수학에 다가가는 방법을 알 수 있는 좋은 방법이다.

『다빈치 코드』와 여러 가지 코드들

이진코드, 바코드, ISBN

로슬린 성당에 숨겨진 코드

15세기에 지어진 로슬린 성당은 영국 스코틀랜드 에든버러 남쪽 11km 지점에 위치한다. 로이터 통신은 2007년 5월 1일, 이 성당 기둥에 있는 '조각 암호'가 600년 만에 풀렸다고 보도했다. 영국 공군의 암호해독 요원이었던 토머스 미첼과 작곡가인 아들 스튜어트가 이 성당 기둥에 기하학적 상징물들로 새겨진 조각 암호가 중세의 찬송가란 사실을 밝혀낸 것이다. 기둥에 조각된 13인의 천사 음악가들과 213개의 기하학 무늬를 해독하는 데 27년을 쏟아부은 토머스는 이 조각들을 '얼어붙은 음악'이라고 했다. 미첼 부자는 성당에 조각되어 있는 형상들이 매우 정교하고 아름다워 반드시 그 안에 어떤 의미가 담겨 있을 것이라고 생각했고, 음향학을 활용해 상징물 조각들의 암호를 풀었다.

■
스코틀랜드 로슬린 성당 기둥의 기하학적 문양. 1446년 성당 기사단이 지은 예배당에는 유대교, 기독교, 이집트, 프리메이슨 및 이교도의 전통에서 나온 상징들로 가득하다. 사람들은 오래전부터 이곳에 성배가 숨겨져 있다고 믿어왔다.(왼쪽)
클라드니 도형. 1788년 독일인 클라드니가 발견한 것으로 판의 진동에 의해 판 위의 모래가 그리는 도형을 말한다. (오른쪽)

미첼 부자는 물리적인 성질은 소리에 영향을 받기 때문에 일정한 기하학적인 모양을 만들어낸다는 '클라드니 패턴'에 주목했다. 소리 파동을 시각적으로 보여주는 다양한 형태의 클라드니 도형을 성당의 상징물에 대입해본 결과 성당의 기하학적 무늬들이 중세 찬송가라는 것을 알아낸 것이다.

로슬린 성당은 소설 『다빈치 코드』에서도 중요한 배경이 되는데, 이 소설에는 이곳에 성배가 묻혀 있다고 나와 있다. 이 책은 영화로도 만들어져 예술과 종교 그리고 수학이 교묘하게 얽힌 흥미진진한 줄거리로 많은 사람들의 호응을 받았다. 소설 속 남녀 주인공은 '로슬린 아래에 성배는 기다리노라'란 암호를 따라 이 성당 지하에서 막달라 마리아의 무덤이 있던 자리를 발견한다.

소설 『다빈치 코드』와 영화 〈다빈치 코드〉.

이 소설에서 말하는 코드란 과연 무엇일까? 코드란 통신에서 글자나 단어 또는 구절과 같은 한 단위의 정보를 그에 상당하는 임의로 선택된 어구로 바꾸는 데 사용하는 일정한 규칙을 말한다. 그래서 코드는 흔히 암호와 같은 의미로 사용되기도 한다. 과거에는 코드와 암호를 혼동해서 사용하는 것이 별로 문제되지 않았으며, 실제로 과거의 많은 암호들은 현재의 기준으로 보자면 코드로 분류하는 것이 훨씬 적합하기도 하다.

그러나 현대 통신체계에서는 정보를 흔히 코드나 암호로 바꾸는 경우가 많기 때문에 코드와 암호의 차이를 이해하는 것이 중요하다. 코드와 암호는 모두 전달하고자 하는 메시지를 다른 기호로 바꾼다는 점에서는 같지만 암호는 발신자와 수신자만이 알고 있는 특별한 방법을 사용하여 일정한 규칙에 따라 메시지의 내용을 바꾼다는 점에서 코드와 다르다. 따라서 암호 해독법이 없으면 발신자와 수신자 외에는 암호화된 메시지를 해독할 수가 없다. 이렇게 따진다면 소설 『다빈치 코드』의 '코드'는 코드가 아니고 암호이므로 '다빈치 암호'라고 부르는 것이 정확한 표현이다.

이진법을 이용한 컴퓨터의 이진코드

오늘날 우리가 흔히 사용하고 있는 코드는 0과 1만을 사용한 '이진코드'이다. 이진코드를 만들기 위해서는 우선 이진법의 원리에 대해서 알아야 한다.

중학교에서 배우는 이진법은 자리가 하나씩 올라감에 따라 자리의 값이 2배씩 커지도록 수를 나타내는 방법이다. 모든 자연수는 이진법으로 나타낼 수 있는데, 예를 들어 19를 이진법으로 나타내기 위해, 몫이 0이 될 때까지 19를 2로 나누면 다음과 같다.

2) 19		
2) 9	…	1
2) 4	…	1
2) 2	…	0
2) 1	…	0
0	…	1

$$19 = 9 \times 2 + 1$$
$$9 = 4 \times 2 + 1$$
$$4 = 2 \times 2 + 0$$
$$2 = 1 \times 2 + 0$$
$$1 = 0 \times 2 + 1$$

따라서 19를 이진법으로 나타내면 $10011_{(2)}$이다. 19를 이진코드로 나타내려면 이 수를 이진법으로 나타낸 수 $10011_{(2)}$에서 밑에 붙은 첨자 (2)를 빼고, 10011로 나타내면 된다. 그런데 이진코드로 나타낼 때에는 코드의 길이를 같게 해야 한다. 보통은 8비트나 16비트 또는 32비트를 사용하여 이들을 코드화하는데, 예를 들어 16비트로 코드화했다면 0과

1의 개수가 모두 16개가 되어야 한다. 즉, 19를 8비트와 16비트 코드로 나타내면, 코드 전체의 길이가 각각 8과 16이다.

8비트로 나타낸 경우 : 19 = 00010011

16비트로 나타낸 경우 : 19 = 0000000000010011

이와 같은 이진코드의 가장 대표적인 것이 아스키코드(ASCII code)이다. 아스키코드는 미국정보교환표준부호(American Standard Code for Information Interchange)의 약어로, 소형 컴퓨터에서 문자, 숫자, 문장 부호와 컴퓨터 제어문자를 나타내는 데 사용되는 표준 데이터 전송 부호이다.

아스키코드는 정보를 표준화된 디지털 형식으로 바꿈으로써 컴퓨터 간에 정보를 주고받고, 데이터를 효율적으로 처리 및 저장할 수 있게 해준다. 8비트 코드를 사용하여 아스키코드가 나타낼 수 있는 문자의 수는 $2^8=256$가지이다. 8비트 체계 코드는 1981년 IBM(국제사무기기회사, International Business Machines Corporation)에서 생산하기 시작한 PC의 첫 모델에 사용되었으며, 곧 컴퓨터 산업에서 PC의 표준으로 자리 잡게 되었다. 다음 표는 영문 알파벳에 해당하는 아스키코드의 일부분이다.

A	→	01000001	J	→	01001010	S	→	01010011
B	→	01000010	K	→	01001011	T	→	01010100
C	→	01000011	L	→	01001100	U	→	01010101
D	→	01000100	M	→	01001101	V	→	01010110
E	→	01000101	N	→	01001110	W	→	01010111
F	→	01000110	O	→	01001111	X	→	01011000
G	→	01000111	P	→	01010000	Y	→	01011001
H	→	01001000	Q	→	01010001	Z	→	01011010
I	→	01001001	R	→	01010010	space	→	01010000

이를테면 여러분이 컴퓨터의 자판에서 알파벳 'A'를 누르면 컴퓨터는 이것을 01000001로 인식하게 된다. 컴퓨터는 이 부호를 반도체에서 0은 전기를 통하지 않게 하고 1은 전기를 통하게 하는 방식을 통해 'A'로 인식하여 화면에 나타내는 것이다.

■
바코드

상품의 주민등록증, 바코드

이제 코드는 주민등록번호, 통장번호와 신용카드 번호 등 다양한 곳에서 사용되고 있다. 그중 우리가 슈퍼마켓에서 물건을 살 때 흔히 볼 수 있는, 상품에 찍혀 있는 바코드에 대하여 알아보자.

바코드는 굵거나 가는 검은 막대와 흰 막대(빈 공간)의 조합을 이용하여 숫자 또는 특수 기호를 광학적으로 판독하기 쉽게 부호화한 것이다. 문자나 숫자를 나타내는 검은 막대와 흰 막대를 적당히 배열하여 이진수 0과 1의 비트로 바꾸어 만들어진 하나의 컴퓨터 언어인 바코드는 바의 두께와 빈 공간의 폭의 비율에 따라 여러 종류의 코드 체계로 나뉜다. 바코드 인식 장치는 빛의 반사를 이용하여 읽어낸다. 이를 통해 상품을 확인하고 입력된 값이 출력되는 것이다.

바코드는 미국의 식료품 산업과 함께 발전했는데, 우여곡절 끝에 AIM(Automatic Identification Manufacture)에서 기술표준위원회를 구성하여 표준 기호를 정하게 되었다.

AIM은 1972년 설립된 후 바코드를 포함한 자동인식 기술의 유일한 대표 단체이며, 우리나라의 경우 1988년에 정식으로 KAN(Korean Article Number) 코드를 취득하면서 본격적인 바코드 체계를 세우게 되었다.

이제는 전 세계적으로 코드 체계가 표준화되어 있다. 일반적으로 널리 사용되는 표준형은 13자리이며, 8자리인 단축형은 표준형의 크기로는 인쇄 공간이 부족한 일부 제품에 쓰인다.

13자리를 사용하는 표준형 바코드의 시작과 끝에는 여백이 있는데, 이것을 비밀구간(Quiet zone)이라고 한다. 이것은 바코드의 시작과 끝을 명확하게 해주는 구간이다. 시작문자는 바코드의 맨 앞부분에 기록된 문자에 데이터의 입력 방향과 바코드의 종류를 스캐너에게 알려주는 역할을 한다. 끝나는 문자는 바코드의 심벌이 끝났다는 것을 알려주어 바코드 스캐너가 양쪽 어느 방향에서든지 데이터를 읽을 수 있도록 해준다. 검사숫자는 메시지가 정확하게 읽혔는지를 검사하고 상품에 부여된 번호가 정확한지 확인하는 숫자이다.

위의 바코드에서 알 수 있듯이 모두 13개의 숫자로 구성된 바코드는 제조국 코드 2자리, 제조업체 코드 5자리, 상품코드 5자리, 검사숫자 1자리로 구성되어 있다. 국제적으로 부여받은 우리나라의 제조국 코드는 '880'으로 식품류에 붙어 있는 바코드는 거의 대부분 880으로 시작한다. 그런데 우리나라의 코드는 2자리가 아닌 3자리이므로 표준형에서 5자리인 제조업체 코드가 4자리가 된다. 바코드에 붙은 번호와 검사숫자를 정하는 방법에 대하여 단계별로 알아보자.

① 검사숫자를 포함하여 오른쪽에서 시작하여 왼쪽으로 다음과 같이 번호를 붙인다.

8	8	0	4	5	5	4	0	1	1	1	4	X
13	12	11	10	9	8	7	6	5	4	3	2	1

② 짝수 번째의 수를 모두 더한다.

$4+1+0+5+4+8=32$

③ ②에서 구한 값에 3을 곱한다.

$32\times3=96$

④ X를 제외하고 홀수 번째의 숫자를 모두 더한다.

$1+1+4+5+0+8=19$

⑤ ③과 ④에서 구한 값을 더한다.

$96+19=115$

⑥ ⑤에서 얻은 결과에 10의 배수가 되도록 더해진 최소수가 검사숫자가 된다.

$115+X=120$

따라서 이 바코드의 검사숫자는 5가 된다. 즉, 이 바코드는 코드가 잘 이루어졌다.

책의 또다른 이름표, ISBN

이번에는 책에 부여되는 ISBN(International Standard Book Number)에 대하여 알아보자. ISBN은 대개 4개의 블록으로 구성되어 있으며 그 블록에 표시된 숫자는 모두 10개이다. ISBN의 첫 번째 블록은 1자리 또는 2자리로 된 국가번호로 우리나라는 89이며, 미국은 0 또는 1이다. 그 다음 블록의 숫자는 출판사를 나타내며, 보통 2자리에서 4자리까지의 숫자로 되어 있다. 세 번째 블록에 있는 숫자들은 해당 출판사가 정한 그 책의 고유번호이다. 그리고 마지막 블록에 있는 숫자 하나는 검사숫자이다.

검사숫자를 정하는 방법을 ISBN이 89-7282-753-3인 책을 예로 들어 설명해보겠다. 우선 앞에 두 숫자 89는 우리나라의 번호이다. 두 번째 블록의 7282는 출판사의 고유번호이고, 753은 출판사에서 이 책에 정해준 고유번호이다. 검사숫자를 제외한 숫자들을 모두 늘어놓고 왼쪽 숫자부터 다음과 같이 차례로 번호를 붙인다.

책의 바코드, ISBN.

8 9 7 2 8 2 7 5 3

1 2 3 4 5 6 7 8 9

그리고 ISBN과 번호들을 차례로 곱하여 더한다.

$$8\times1+9\times2+7\times3+2\times4+8\times5+2\times6+7\times7$$

$$+5\times8+\ \times3+9=223$$

여기서 $223=11\times20+3$이므로 223을 11로 나누면 몫이 20이고 나머지는 3이다. 따라서 검사숫자는 3이 되므로 이 책의 최종 ISBN은 89-7282-753-3이다.

그런데 책에 따라서는 ISBN이 13자리인 경우도 있는데, 이런 경우 ISBN은 이 책의 바코드에 나타나 있는 숫자들과 일치한다. ISBN과 바코드가 모두 부여되어 있는 책을 잘 살펴보면 바코드는 모두 5개의 블록으로 되어 있다. 첫 번째 블록에는 978이 표시되어 있는데, 이것은 이 상품이 책이라는 것을 나타내는 번호이다. 2번째 블록부터 4번째 블록까지는 바코드의 숫자들과 ISBN의 숫자들이 모두 같고, 마지막 블록의 숫자 하나는 각기 다르게 되어 있다. 이것이 검사숫자인데, 바코드의 검사숫자를 만드는 방법과 ISBN의 검사숫자를 만드는 방법이 다르기 때문에 대개의 경우 이 숫자는 서로 다르다.

위에서 예를 든 책의 ISBN은 89-7282-753-3이고 바코드에 나타나 있는 숫자는 978-89-7282-753-5이다. 여기서 맨 앞의 978은 이 상품이 책임을 나타내는 것이고 마지막 5는 바코드의 검사숫자 생성 방법으로 얻은 검사숫자로 ISBN의 3과는 다른 숫자가 될 수 있다.

지금까지 코드에 대하여 알아보았다. 또 코드의 가장 간단한 형태라고 할 수 있는 바코드와 ISBN에 대하여도 알아보았다. 우리가 늘 소비하는 것들에 붙인 또다른 이름인 바코드와 ISBN은 수학의 현대적 모습들이다. 이렇게 우리는 수학을 소비하며 수학으로 가득 찬 세상에서 살고 있는 것이다.

왼쪽은 미국에서 발행된 책의 ISBN과 바코드이고, 오른쪽은 우리나라에서 발행된 책의 바코드와 ISBN이다.

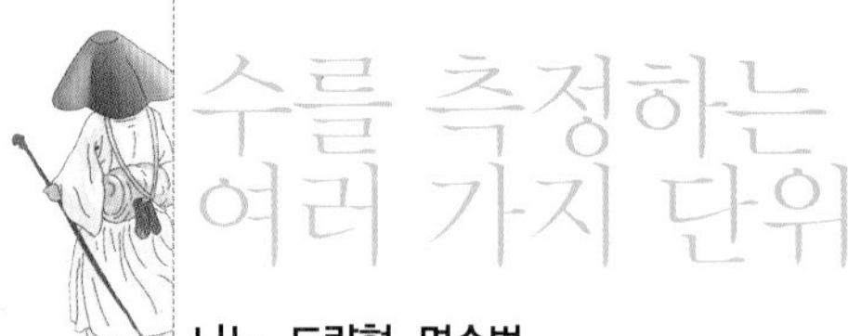

수를 측정하는 여러 가지 단위

나노, 도량형, 명수법

나노의 힘

얼마 전 한 연구에서 아이들이 가장 무서워하는 동화로 『백설공주와 일곱 난쟁이』가 꼽혔다. 아무래도 아이들은 아름다운 백설공주와 일곱 난쟁이가 나와서 즐겁게 춤추고 노래하는 장면보다 마녀가 거울을 보며 사납게 웃는 장면을 더 오랫동안 기억하는가보다.

현대에 와서 난쟁이는 동화 속에만 등장하는 것이 아니라 수학과 과학에도 등장하게 되었다. 바로 나노(nano)이다. 현대과학과 수학에 등장하는 나노는 동화 속에 등장하는 난쟁이처럼 작고 힘없는 존재가 아니라 헤라클레스만큼의 위력을 가진 영웅 같은 존재이다.

나노는 고대 그리스어로 난쟁이를 뜻하는 '나노스(nanos)'에서 유래한 말이다. 나노는 10억분의 1을 뜻하는 말로 아주 미세한 물리학적 계량 단위로 사용되고 있다. 나노세컨드(nanosecond)는 10억분의 1초, 나노미터(nanometer)는 10억분의 1미터를 가리킨다. 보통 사람의 머리카락 한 가닥의 굵기가 10만 나노미터라고 하니 10억분의 1이 얼마나 작은지를 짐작할 수 있다.

1나노미터에 보통 원자 3~4개가 들어가는 나노는 전자현미경을 통해서만 볼 수 있는 아주 미세한 세계이다. 이러한 나노 과학이 본격적으로 등장한 것은 1980년대 초 주사형 터널링 현미경(STM)이 개발되면서부터이다.

나노 기술은 처음에 반도체 미세 기술을 극복하는 대안으로 연구하기 시작했다. 오늘날에는 전자 및 정보통신은 물론 기계, 에너지, 화학 등 대부분의 산업에 응용되고 있다. 있지도 않을 것 같은 크기인 나노를 다루는 기술 때문에 아주 미세한 세계까지 측정하고 관찰할 수 있게 되었다. 뿐만 아니라 물질의 최소 단위로 알려진 분자나 원자의 세계로 들어가 이를 조작하고 활용할 수 있다는 점 때문에 미래를 이끌 첨단과학으로 주목받고 있다.

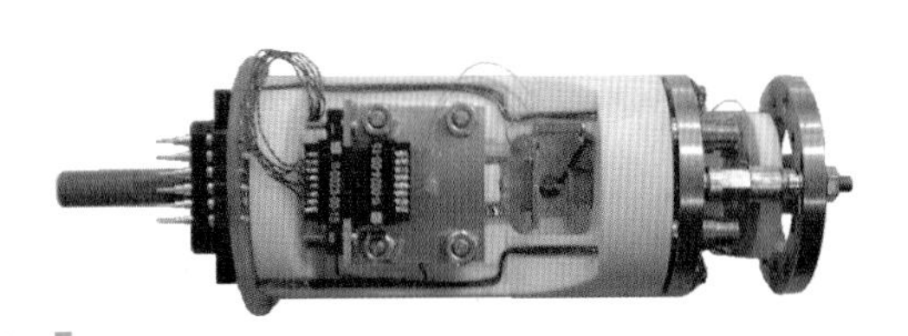

나노기술은 100만분의 1을 뜻하는 '마이크로'를 넘어서는 미세한 기술로서 1981년 스위스 IBM연구소에서 원자와 원자의 결합상태를 볼 수 있는 주사형 터널링 현미경(STM)을 개발하면서부터 본격적으로 등장했다. 미국 · 일본 등의 선진국에서는 1990년대부터 국가적 연구과제로 삼아 연구해오고 있다.

물질의 최소 단위까지 인간이 통제할 수 있게 되었다는 사실은 엄청난 변화를 내포하고 있다. 인류 문명을 획기적으로 바꿀 수 있는 기술로 떠오르고 있는 나노 산업은 매년 그 규모가 몇 십조 원대로 성장하고 있다고 하니, 그 크기에 반비례하여 발전하고 있다고 할 수 있겠다.

■
진시황은 단위길이와 단위무게를 제도적으로 통일했다.

현재 우리나라의 나노기술은 미국, 일본, 독일에 뒤져 있다. 특히 미국은 나노 분야에서 선두를 달리고 있다. 나노를 이용한 미국의 목표 중 하나는 앞으로 몇 년 내에 지상 92,000km 높이에 우주정거장을 건설하고, 그곳까지 왕복할 수 있는 우주 엘리베이터를 만드는 것이다. 탄소나노튜브를 이용하여 우주 엘리베이터를 건설하겠다는 것이다. 지금까지 인간이 우주로 나가기 위한 유일한 방법은 우주선을 타는 것이었다. 그렇기 때문에 우주를 소재로 한 영화에서도 인간은 어떤 발사체를 타고 지구를 벗어나는 것이 전부였다. 그러나 앞으로는 우주 엘리베이터를 소재로 한 영화도 등장할 것으로 보인다.

세종대왕, 도량형을 통일하다

나노와 같은 초정밀 첨단과학은 표준단위가 있었기 때문에 가능했다. 다시 말하면, 나노와 같은 정밀 단위를 사용하게 된 데에는 표준단위인 1m의 힘이 숨어 있다.

현재 우리가 사용하고 있는 국제표준단위인 미터는 프랑스 혁명 때인

1790년경 제정된 '십진미터법'에서 출발했다. 정확한 표준단위를 설정하기 위해서는 변하지 않는 기준이 필요하다. 최초로 정한 1m는 지구의 둘레가 변하지 않는다는 생각으로 지구둘레의 4,000만분의 1로 정했다. 십진미터법은 1875년 17개국이 미터협약에 조인함으로써 국제적인 단위 체계로 발전하는 계기가 되었다. 현재 표준으로 삼고 있는 1m는 빛의 속도를 근거로 한 '빛이 진공에서 $\frac{1}{299792458}$초 동안 진행한 경로의 길이'로 정하고 있다. 이에 따르면 앞에서 설명한 1나노미터는 빛이 진공상태에서 $\frac{1}{299792458000000000}$초 동안 진행한 거리이다.

세종대왕과 측우기. 세종대왕은 도량형을 확립하고 다양한 측량기구를 제작했다.

사실 국제표준이 정해지기 이전에는 같은 나라 안에서도 지역에 따라 서로 다른 단위길이와 단위무게를 사용했다. 그래서 이를 통일시킬 필요가 있었는데, 동양에서는 진시황이 처음으로 제도화했다. 진시황은 길이를 의미하는 도(度), 부피를 재는 양(量), 무게를 다는 형(衡)을 합쳐 도량형이라 했다. 또 그는 이 제도의 표준이 되는 자와 되 그리고 저울을 백성들에게 나눠주었다. 도량형은 수학에서 주로 길이를 재고 넓이를 계산하며 들이나 부피를 측정하는 데 사용되었다.

우리나라에서는 세종대왕 때가 돼서야 비로소 확립되었다. 세종대왕은 각 마을마다 토지를 측량하도록 하는 결부제(結負制)를 실시하여 나라의 조세 정책을 확립시켰다. 또 도량형 제도를 중요시하여 매년 각 고을의 도량형을 정기적으로 검사하여 농업과 경제는 물론 수학, 천문학, 역학, 기상학의 발전에 큰 영향을 미쳤다. 당시에는 천체관측기, 측우기, 자격루, 고저측량기구 등 다양한 측량기구들이 제작되었다.

『경국대전(經國大典)』에 따르면 길이 단위 명칭은 리(釐), 푼(分), 치(寸), 자(尺), 장(丈)으로 10리는 1푼, 10푼은 1치, 10치는 1자, 10자는 1장이었다. 이것을 현재 우리가 사용하고 있는 미터법과 비교하면 1cm=3푼 3리, 1m=3자 3치, 1km=3,300자이다. 또 자는 척이라고도 했는데, 측량척(測量尺)으로 10푼이 1척(尺)이었다. 넓이의 단위로는 작(勺), 홉(合), 파(把), 속(束), 부(負), 결(結) 등이 사용되었다. 10작은 1홉, 10홉은 1파, 10파는 1속, 10속은 1부, 100부는 1결이었다. 부피의 단위는 작(勺), 홉(合), 되(升), 말(斗), 소곡(小斛), 대곡(大斛) 등이었고, 10작은 1홉, 10홉은 1되, 10되는 1말, 15말은 1소곡, 20말은 1대곡이었다.

『속대전(續大典)』에 따르면 부피를 측정하는 기준이 되는 그릇은 대곡의 경우는 가로와 세로가 모두 1.12자, 높이 1.72자였다. 소곡의 경우는 가로 1자, 세로 1자, 높이 1.47자, 말(斗)의 경우는 가로와 세로가 모두 0.7자, 높이 0.4자, 되(升)의 경우는 가로 0.49자, 세로와 높이는 모두 0.2자다. 따라서 조선시대의 표준이 되는 그릇은 가로와 세로의 길이가 14.85cm이고 높이가 6.06cm인 직육면체였다. 이것의 부피는 1336.37cm^3, 즉 1.336리터였다.

조선 초기까지 1척은 32.21cm였지만, 1430년 세종이 31.22cm로 통일했다. 그런데 오늘날에는 1척이 30.3cm가 되었다. 이처럼 불분명한 도량형은 오늘날까지도 사용되고 있는데, 여러 가지 불편함 때문에 우리나라에서도 국제기준에 맞는 도량형인 미터법을 표준으로 정하여 사용하기 시작했다.

수유(10^{-15})를 노래한 방랑시인 김삿갓

표준단위의 사용은 도량형뿐만 아니라 수에서도 중요하다. 문명이 발달할수록 인류는 현재 사용하고 있는 수보다 더 큰 수와 더 작은 수를 사용하게 될 것이다. 오늘날 널리 사용되고 있는 큰 단위는 컴퓨터의 용량을 나타내는 데 주로 사용되는 메가(10^6), 기가(10^9), 테라(10^{12})가 있고, 작은 단위는 마이크로(10^{-6}), 나노(10^{-9}), 피코(10^{-12})가 있다. 그러나 과학이 더 발전할 미래에는 더 큰 단위인 페타(10^{15}), 엑사(10^{18}), 제타(10^{21}), 그리고 더 작은 단위인 펨토(10^{-15}), 아토(10^{-18}), 젭토(10^{-21}) 등도 사용하게 될 것이다.

그런데 이런 단위들은 모두 영어에서 비롯된 것이다. 큰 수의 단위 명칭을 영어식이 아닌 우리식으로 표현하면 어떨까?

일(一, 1), 십(十, 10), 백(百, $100=10^{2}$), 천(千, $1000=10^{3}$),

만(萬, $10000=10^{4}$), 억(億, 10^{8}), 조(兆, 10^{12}), 경(京, 10^{16}),

해(垓, 10^{20}), 자(秭, 10^{24}), 양(穰, 10^{28}), 구(溝, 10^{32}),

간(澗, 10^{36}), 정(正, 10^{40}), 재(載, 10^{44}), 극(極, 10^{48}),

항하사(恒河沙, 10^{52}), 아승기(阿僧祇, 10^{56}),

나유타(那由他, 10^{60}), 불가사의(不可思議, 10^{64}),

무량대수(無量大數, 10^{68})

여기서 항하란 인도의 갠지스 강을 한자로 표현한 것이므로 항하사는 갠지스 강에 있는 모래알 수를 나타낸다. 또 항하사보다 큰 단위는 모두 불교 경전에 나오는 말들로 아승기는 아승지라고도 불렸으며, 아주 오랜 시간을 나타내는 말로 '아승기 겁'이란 말이 있다. 불가사의는 '상식으로는 도저히 생각할 수 없는 것' 또는 '이상한 것'을 의미한다. 또한 무량대수는 수사를 두 개로 나누어 무량(無量)을 10^{68}, 대수(大數)를 10^{72}이라고 쓰는 경우도 있다. 작은 수의 단위 명칭은 다음과 같다.

분(分, 10^{-1}), 리(厘, 10^{-2}), 모(毛, 10^{-3}), 사(糸, 10^{-4}),

홀(忽, 10^{-5}), 미(微, 10^{-6}), 섬(纖, 10^{-7}), 사(沙, 10^{-8}),

진(塵, 10^{-9}), 애(挨, 10^{-10}), 묘(渺, 10^{-11}), 막(莫, 10^{-12}),

모호(模糊, 10^{-13}), 준순(浚巡, 10^{-14}), 수유(須臾, 10^{-15}),

순식(瞬息, 10^{-16}), 탄지(彈指, 10^{-17}), 찰나(刹那, 10^{-18}),

육덕(六德, 10^{-19}), 공허(空虛, 10^{-20}), 청정(淸淨, 10^{-21})

큰 수의 단위와 마찬가지로 작은 수의 단위도 대부분 불교 경전에서 나온 것들이다. 진과 애는 둘 다 먼지를 뜻하는 말로 인도에서는 가장 작은 양을 나타낸다고 한다. 또한 찰나는 '눈 깜짝하는 사이' 라는 뜻으로 현재는 '매우 짧은 시간' 을 뜻한다.

이런 작은 단위가 실제로 사용된 예를 조선시대의 방랑시인 김삿갓이 지은 시에서 찾을 수 있다. 김삿갓은 시에서 매우 짧은 시간을 말하기 위하여 10^{-15}인 '수유' 를 사용하고 있다. 그의 시를 보자.

김삿갓 묘와 기념비. 방랑시인 김삿갓의 묘는 강원 영월군에 위치해 있다.

一峯二峯 三四峯 (일봉이봉 삼사봉)

하나, 둘, 셋, 네 봉우리

五峯六峯 七八峯 (오봉육봉 칠팔봉)

다섯, 여섯, 일곱, 여덟 봉우리

須臾更作 千萬峯 (수유갱작 천만봉)

잠깐 사이에 천만 봉우리로 늘어나더니

九萬長天 都是峯 (구만장천 도시봉)

온 하늘이 모두 구름 봉우리로다.

구름의 속성상 한 조각의 구름은 무한의 구름이 될 수 있다. 구름을 소재로 무한을 생각하고 있는 김삿갓의 수학적 재치가 넘치는 시이다. 변화무쌍한 자연의 흐름과 티끌처럼 짧은 시간을 살다가는 인간의 삶을 멋지게 표현했다.

수학의 성서,
유클리드의 『원론』

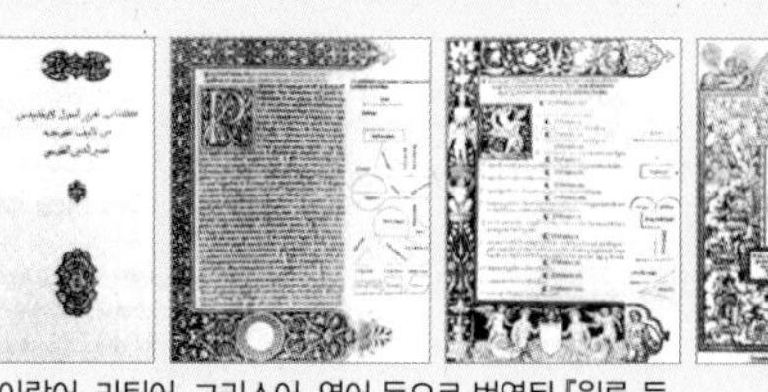

아랍어, 라틴어, 그리스어, 영어 등으로 번역된 『원론』들.

지구상에서 성서 다음으로 가장 많은 사람들이 읽은 수학책은 유클리드의 『원론』이다. 그래서 우리는 유클리드의 원론을 일명 '수학의 성서'라고 부른다. 모두 열세 권으로 이루어져 있는 『원론』은 1482년에 초판이 인쇄되었고, 그 후 지금까지 1,000판이 넘을 정도로 인쇄되었으며 2,000년 이상 기하학의 교과서로 군림해왔다. 사실 우리가 중학교와 고등학교에서 배운 수학은 주로 『원론』의 I, III, IV, VI, XI, XII권의 내용을 발췌한 것이다. 비록 직접 읽어보지 못한 사람이라 할지라도 중학교 이상의 수학교육을 받았다면 이미 『원론』을 읽어본 셈이다.

『원론』은 기원전 300년경에 쓰였으나 1500년경에 인쇄술이 보급되기 전까지는 손으로 옮겨 쓴 필사본으로만 전해져왔다. 『원론』의 I권은 48개의 명제로 되어 있으며 처음 26개의 명제는 주로 삼각형의 성질과 세 개의 합동 정리를 다루고 있다. 또 6개의 명제에는 평행에 관한 명제와 삼각형의 내각의 합에 관한 것이며, 그 이외의 나머지 명제들은 평행사변형, 삼각형, 정사각형 등의 넓이 문제를 다루고 있다. 특히 48개의 명제 중 마지막 두 개는 피타고라스의 정리와 그 역의 증명이다. 『원론』은 나오자마자 대단한 관심을 불러일으켰고, 수학에 관한 이전 책들은 자취를 감추게 되었다. 이로 인하여 유클리드 이전의 수학적 업적이 누구 것인지를 밝히는 작업은 지금도 계속되고 있다.

유클리드의 개인 신상에 대해서는 알려진 것이 거의 없지만, 재미있는 한 가지 일화가 전해진다. 유클리드가 학생들에게 기하학을 가르치고 있을 때 한 학생이 질문을 하였다.

"선생님. 이런 것을 배워서 무엇을 얻을 수 있습니까?"

그러자 유클리드는 하인을 불러서 다음과 같이 말했다.

"그에게 동전 한 닢을 주어라. 그는 자기가 배운 것으로부터 무엇을 얻어야 하니까."

이런 일화로 추측하건대, 아마도 유클리드는 수학의 실용적인 면에는 관심이 없었던 것 같다.

4장

수학으로 풀어보는 '생활의 발견'

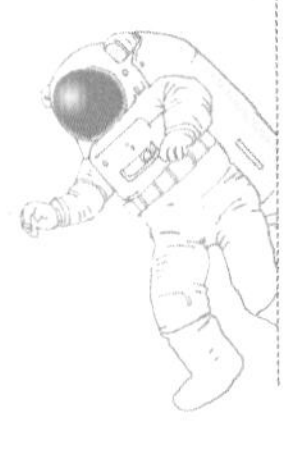

수학으로 발상을 전환하라

문제해결의 전략과 이산수학

천국과 지옥은 한끗 차이

천국과 지옥에 얽힌 재미있는 이야기가 전해진다. 사람은 죽으면 누구나 천국 혹은 지옥으로 가게 되는데, 천국과 지옥에서는 모든 사람들이 팔꿈치를 구부릴 수 없다고 한다. 한마디로 팔을 구부려 음식을 집어 입에 넣을 수 없는 것이다. 그런데 천국으로 간 사람들은 언제나 배부르게 음식을 먹고, 지옥으로 간 사람들은 늘 굶주린다고 한다. 그 이유가 무엇일까? 바로 천국에서는 구부려지지 않는 팔로 상대방의 입 속에 음식을 넣어주기 때문이란다. 이 이야기에는 같은 상황에 처해 있어도 어떻게 생각하고 행동하느냐에 따라 행복해질 수도 불행해질 수도 있다는 교훈이 담겨 있다. 이러한 것을 우리는 발상의 전환이라고 부른다.

발상의 전환에 대한 재미있는 실화가 있다. 무중력 상태인 우주공간

영화 〈아폴로13호〉의 한 장면과 우리나라 최초 우주인 이소연의 모습.

에서는 지상에서와는 다른 방식으로 생활해야 하는데 그중에서도 가장 중요한 것은 매일 매일 2시간 이상씩 운동을 해야 한다는 점이다. 중력이 없으면 우리 몸의 피가 밑으로 흐르지 못하고 머리 위로 올라가 목이 굵어지고 얼굴이 붓게 되고 몸속에 있는 칼슘이 빠져나가고 근육의 사용빈도가 낮아져 점점 힘을 잃어간다. 그러므로 우주공간에서 일정한 체력을 유지하려면 운동을 필수적으로 해야 한다.

무중력은 인체뿐만 아니라 물체에도 영향을 미치는데, 그 한 예로 볼펜을 들 수 있다. 지상에서는 중력의 힘으로 볼펜 앞부분의 볼에 잉크가 묻어나오며 글씨가 써지는데, 무중력 상태에서는 잉크가 밑으로 흐르지 않기 때문에 볼펜으로 글씨를 쓸 수 없다. 따라서 우주공간에서 이루어지는 다양한 연구를 기록할 수 없게 되는 것이다. 그래서 미국은 무중력 상태에서도 잘 써지는 볼펜을 개발하기 위해 수년 동안 막대한 돈을 투자했지만 결국 실패했다.

그러나 러시아는 이 문제를 돈 한 푼 들이지 않고 해결했다. 바로 볼펜 대신 연필을 사용하는 것이었다. 알고 보면 아주 간단한 것이지만 미국에서 막대한 시간과 돈을 투자하여 만들려고 했던 것을 발상의 전환으로 간단히 해결한 것이다. 하지만 미국은 끈질긴 노력으로 결국 우주에서 사용할 수 있는 볼펜을 개발했다.

폴야의 4단계 문제해결의 전략

헝가리 출신의 미국 수학자 폴야(Polya).

발상의 전환이 가장 필요한 분야가 바로 수학이다. 수학은 단순히 문제를 풀기 위해 배우는 것이 아니라, 주어진 상황에 맞게 문제를 해결할 수 있는 논리적 사고력과 수학적 아이디어를 생각해내는 방법을 배우는 학문이다.

연습문제를 풀면서 배울 수 있는 것은 개념, 성질, 과정 등이지만 이것은 나중에 실제적인 문제를 해결하는 바탕이 된다. 이것이 문제해결이냐 연습문제냐 하는 것은 문제를 푸는 사람에 따라 달라진다. 이를테면 2+5는 유치원생에게는 문제해결일 수 있지만 초등학생에게는 7이라는 단순한 사실에 불과하다.

문제를 해결하는 데 명확한 규칙은 없다. 그러나 문제풀이 과정에서 반드시 필요한 몇 가지 일반적인 단계를 개괄하면 좀더 쉽게 문제를 해결할 수 있다. 여기서는 유명한 수학자인 폴야(Polya)가 제시한 문제해결의 원리를 소개하려고 한다.

그는 『어떻게 풀 것인가?』라는 책에서 4단계의 문제해결 전략을 제시했다. 각 단계에 대한 약간의 설명을 첨가하였으므로 이를 참고하여 각자 나름대로의 문제해결 전략을 세워보자.

1단계 : 문제의 이해

첫 단계는 문제를 읽고 이해해야 한다. 다음 질문을 스스로 해보자.

■ 알려져 있지 않은 것은 무엇인가?

■ 어떤 정보들이 있는가?

■ 조건은 어떠한가?

문제를 이해하기 위하여 그림을 그려보는 것도 좋을 것이다. 또 적절한 기호와 문자를 도입하고 몇 가지 경우에는 그 내용을 떠올릴 수 있도록 부피(Volume)는 V, 시간(time)은 t와 같이 나타낸다.

2단계 : 계획의 수립

두 번째 단계에서는 알려져 있지 않은 것을 알아낼 수 있는 정보와 그들 사이의 관련성을 찾아야 한다. 이때 직접적인 관련성을 찾을 수 없다면 다음 중 어떤 것을 문제해결의 전략으로 선택할 수 있는지를 생각해보자.

1. 유사한 문제 찾기 2. 추측하고 점검하기

3. 변수 사용하기 4. 특별한 문제 도입하기

5. 그림 이용하기 6. 경우로 나누어 풀기

7. 거꾸로 풀기 8. 공식 찾기

9. 부분 목표 세우기 10. 간접 추론하기
11. 수학적 귀납법 이용하기 12. 패턴 찾기

3단계 : 계획의 실행

계획을 실행할 때는 풀이의 각 단계별로 풀이의 각 단계가 참이라는 것을 증명하는 세부사항을 점검해야 한다. 결국 주어진 문제를 풀 때까지 2단계에서 선택한 전략을 계속 수행한다. 그래도 잘 되지 않을 때에는 다른 힌트를 찾거나 문제를 잠시 덮어둔다.

4단계 : 반성

문제가 해결되었다면 해답을 검사해야 한다. 부분적으로 풀이에 오류가 있는지, 문제를 푸는 데 좀더 쉬운 방법이 있는지를 다시 생각해보는 것이다. 반성은 해법에 익숙해지고 또다른 문제를 해결하는 데 중요한 역할을 한다. 데카르트는 "내가 풀었던 모든 문제가 다른 문제를 푸는 데 유용한 규칙이 되었다."라고 말했을 정도로 반성을 강조했다.

보통 해결해야 할 문제는 우리가 사용하는 일상 언어로 주어진다. 이 문제를 해결하기 위해서는 우선 주어진 문제를 수학적 언어를 사용해 수학문제로 바꾸어야 하고, 바뀐 수학문제를 풀어 다시 그 답을 원래의 취지에 맞도록 해석해야 한다. 따라서 앞에서 제시한 폴야의 4단계는 문제를 성공적으로 해결하기 위한 좋은 도구가 될 것이다.

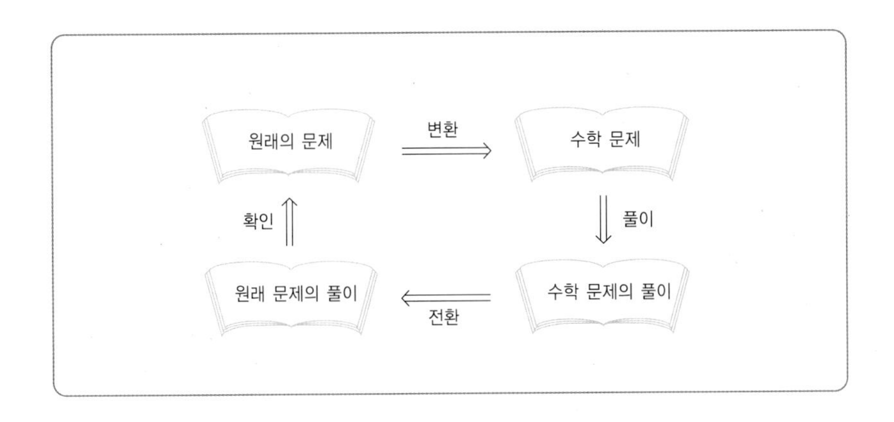

이산수학에서의 수학적 귀납법

폴야의 4단계 문제해결 전략은 수학의 모든 분야에 필요하지만 특히 이런 것을 가장 필요로 하는 분야는 이산수학이다. 이산수학은 수학적 게임이나 퍼즐 등에 숨어 있는 수학으로서 흥미나 오락의 용도로 취급되었으나 20세기 후반부터 순수수학과 응용수학에서 대단히 중요한 위치를 차지하게 되었다. 거기에는 뚜렷한 2가지 이유가 있다.

현대에 이르러 컴퓨터는 그야말로 엄청난 영향력을 가지게 되었다. 그런데 이러한 컴퓨터는 프로그램의 의해 움직인다. 그리고 이 프로그램은 이산적 알고리즘에 의해 작성된 것이다. 이산수학이 현대에 이르러 주목을 받게 된 것은 이 때문이다. 또한 이산수학은 정해진 틀을 따르기보다는 수학적 아이디어를 요구하는 경우가 많아 교육적인 측면이 강하다. 그렇기 때문에 이산수학은 창의적인 발상을 요구하는 요즘 시대에 중요한 학문으로 자리 잡은 것이다.

이산수학에서 문제해결을 위해 자주 사용하는 것이 수학적 귀납법이다. 그런데 수학적 귀납법으로 문제를 해결하려고 할 때 주의해야 할 점이 있다. 그 내용을 설명하기 위하여 우선 수학적 귀납법에 대하여 간단히 알아보자.

어느 날 어머니가 과일을 한 상자 사 오셨다. 상자 속을 확인하지 않고 손을 넣어 과일을 꺼냈더니 사과였다. 같은 방법으로 몇 개를 더 꺼냈더니 계속해서 사과가 나왔다. 그렇다면 우리는 그 상자에 담겨 있는 과일은 모두 사과라고 생각할 수 있다. 이처럼 귀납법이란 각기 다른 사실을 바탕으로 일반적인 법칙을 이끌어내는 방법이다. 수학적 귀납법이란 자연수와 관련이 있는 어떤 가설을 증명하는 방법으로 파스칼(Pascal, 1623~1662)이 처음 구상한 것이다. 수학적 귀납법의 원리는 다음과 같다.

■
프랑스 수학자이자 철학자인 파스칼. 그는 수학과 물리학에 대한 많은 글을 남겼다.

자연수 전체의 집합 N의 부분집합 S가 다음 두 조건을 만족한다고 하자.

(1) $1 \in S$

(2) 만일 $n \in S$이면, $n+1 \in S$이다.

그러므로 $S=N$이다.

이 수학적 귀납법의 원리를 다음과 같이 바꿀 수 있다.

자연수 n에 관한 명제 $p(n)$에 대하여 다음 두 조건을 만족한다고 하자.

(1) $p(n)$은 $n=1$일 때 참이다.

(2) 만일 임의의 자연수 n에 대하여 $p(n)$이 참이면 $p(n+1)$도 참이다.

그러므로 명제 $p(n)$은 모든 자연수 n에 대하여 참이다.

예를 들어 모든 자연수 n에 대하여 $1+2+\cdots+n=\frac{n(n+1)}{2}$임을 수학적 귀납법으로 증명해보자. 우선 $n=1$이면 좌변과 우변은 모두 1이므로 등호가 성립한다. 이제 어떤 자연수 n에 대하여 $1+2+\cdots+n=\frac{n(n+1)}{2}$이라고 가정하자. 이 식의 양변에 $n+1$을 똑같이 더해주면 다음과 같다.

$$1+2+\cdots+n+(n+1)=\frac{n(n+1)}{2}+(n+1)$$

이 식의 우변을 정리하면

$$\begin{aligned}&1+2+\cdots+n+(n+1)\\&=\frac{n(n+1)}{2}+(n+1)=\frac{(n+1)\{(n+1)+1\}}{2}\end{aligned}$$

즉, $n+1$일 때도 식이 성립한다. 따라서 임의의 모든 자연수 n에 대하여 다음이 성립한다.

$$1+2+\cdots+n=\frac{n(n+1)}{2}$$

발상의 전환에도 수학이 필요하다

수학적 귀납법을 잘못 사용하는 경우가 있다. 다음 예는 수학적 귀납법을 잘못 사용한 대표적인 경우이다.

■ 모든 말은 색깔이 같다.

수학적 귀납법을 사용한 증명 : 지구상에 말이 단 한 마리만 있다면, 분명 위의 말은 참이다.

이제 수학적 귀납법의 원리에 의하여 지구상에 n마리의 말이 있는데 이들이 모두 같은 색이라고 가정하고 $n+1$마리에 대하여 생각해보자.

$n+1$마리의 말 중에서 한 마리를 빼면 가정에 의하여 나머지 n마리의 색은 모두 같은 색이다. 이제 뺐던 한 마리를 다시 포함시키고 앞에서 뺐던 말과 다른 말을 한 마리 다시 빼낸다. 그렇게 하면 다시 n마리가 되고 이들의 색은 다시 모두 같게 된다. 그러면 처음에 빼냈던 말의 색이나 나중에 빼낸 말의 색은 같으므로 $n+1$마리의 말은 모두 같은 색

이 된다. 따라서 이 세상의 모든 말의 색은 같다.

이것은 귀납법을 사용하는 증명 과정에서 잘못된 방법을 택했기 때문에 일어나는 오류이다. 즉, 증명의 마지막 단계에서 $n+1$은 이미 같은 색으로 정해진 n마리와 정해지지 않은 1마리를 더 생각하는 것이다. 따라서 마지막 1마리가 같은 색이라고 할 수 없다.

■ 모든 사람은 대머리이다.

수학적 귀납법을 사용한 증명 : 어떤 사람의 머리에 머리카락이 단 한 가닥이 있다면 그 사람은 대머리이다.

이제 수학적 귀납법의 원리에 의하여 머리카락이 n개 있을 때도 대머리라고 가정하고 머리카락이 $n+1$가닥 있을 경우를 생각하자. 그런데 머리카락이 $n+1$개인 경우는 n개 있는 경우보다 겨우 1개가 많을 뿐이다. 가정에 의하면 n개의 머리카락이 있는 경우는 대머리이므로 대머리에 머리카락 1개를 더해도 대머리일 수밖에는 없다. 따라서 모든 사람은 대머리이다.

이 경우에는 대머리라는 정의가 명확하지 않아서 생기는 오류이다. 즉, 대머리는 머리카락이 하나도 없는 사람이라든지 또는 1,000개 이하인 사람이라고 정확하게 정하지 않아서 생기는 오류인 것이다.

이렇게 수학적 사고력을 계속 연습하다 보면 자연스럽게 창의적 아이디어를 떠올릴 수 있는 발상의 전환에 필요한 기반을 닦을 수 있다. 남과 다른 새로운 아이디어를 얻고 싶다면 두려워하지 말고 수학에 도전해보자. 앞서 배운 폴야의 4단계 문제 해결의 전략을 바탕으로 자신만의 창의적인 문제해결 전략을 만들어보자.

발밑에도 수학이 숨어 있다

쪽매맞춤과 군이론

보도블록에 숨겨진 쪽매맞춤

길을 걷다 발밑을 본 적이 있는가? 만약 큰 도로를 따라 걸었다면 인도에 깔려 있는 보도블록 위를 걸었을 것이다. 보도블록의 모양은 여러 가지 형태로 되어 있는데, 이것들은 같은 모양을 연속적으로 배치하여 인도를 꽉 채우고 있다. 이처럼 평면을 겹치지 않게 빈틈없이 채우는 것을 테셀레이션(tessellation) 또는 쪽매맞춤이라고 한다. 쪽매맞춤은 이슬람이나 이집트뿐만 아니라 로마, 그리스, 비잔틴 제국의 유적들에서 흔히 볼 수 있다. 보도블록뿐만 아니라 조각보, 벽지 등 한국의 전통문양에서도 많이 사용된다.

쪽매맞춤에는 예술과 수학이 숨어 있다. 정다각형을 가지고 평행이동, 대칭이동, 회전이동을 하면 다양한 모양이 연출된다. 정다각형 중에

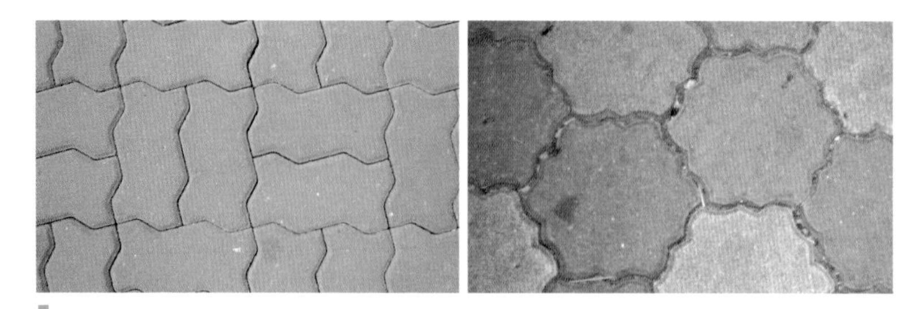

정사각형 모양을 변형시켜 인도를 채운 보도 블록은 쪽매맞춤의 대표적인 경우이다.

서 평면을 겹치지 않게 덮을 수 있는 것은 정삼각형, 정사각형 그리고 정육각형밖에 없으므로 똑같은 모양의 도형을 이용하는 쪽매맞춤의 경우 조각 하나하나의 모양은 이들 도형으로 만들어진다.

다시 말해 정삼각형은 한 내각의 크기가 60° 이므로 한 점에 6개가 모이면 360°가 되어 평면이 되고, 정사각형은 한 내각의 크기가 90° 이므로 4개가 한 점에 모이면 평면이 되며, 정육각형은 한 내각의 크기가 120° 이므로 한 점에 3개가 모이면 360°가 되어 평면을 이루는 것이다. 반면 정오각형의 경우 한 내각의 크기가 108° 이므로 3개가 모이면 324°

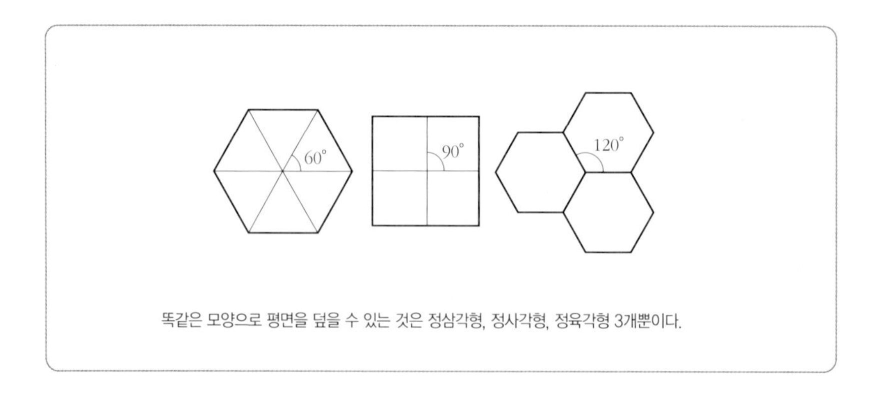

똑같은 모양으로 평면을 덮을 수 있는 것은 정삼각형, 정사각형, 정육각형 3개뿐이다.

이고, 4개가 모이면 432°가 된다. 따라서 한 점에 3개가 모이면 평면이 되기 위해서는 36°가 모자라고, 4개가 모이는 경우는 겹치게 된다. 다른 정다각형도 마찬가지로 평면을 덮을 수 없다.

쪽매맞춤의 아름다움을 처음으로 널리 알린 사람은 오스트리아의 디자이너 콜로만 모저(Koloman Moser)이다. 이후 네덜란드 판화가 마우리츠 코르넬리우스 에스헤르가 기하학적이고 독특한 쪽매맞춤을 선보였다. 에스헤르는 무어인(Moors)의 모자이크에서 영감을 받아 수학적 변환을 이용하여 새로운 작품 세계를 구축했다.

독창적인 발상으로 평범한 일상 속에 숨어 있는 은유의 세계를 포착한 에스헤르의 작품들은 수학자와 지각심리학자 및 일반 대중을 매료시켰고, 20세기 중반에 보다 널리 보급되었다. 지금까지도 수많은 과학자

에스헤르가 그린 〈밤과 낮〉(1940)은 대표적인 쪽매맞춤 작품 중 하나이다.

들과 수학자들이 그의 작품 속에 숨어 있는 학문적 의미를 찾아내는 작업을 계속하고 있다.

쪽매맞춤 만들기

이제 쪽매맞춤을 만드는 과정을 알아보자. 앞에서 설명한 것처럼 평면을 겹치지 않게 채울 수 있는 정다각형은 그림과 같은 정삼각형, 정사각형 그리고 정육각형뿐이다. 지금부터 정사각형을 이용하여 쪽매맞춤을 만들어보자.

정사각형 모양의 색종이를 여러 장 준비한 뒤 만들고자 하는 모양을 생각하며 그림을 그린 후 오려낸다. 이때 색종이의 아랫부분에서 오려낸 그림을 윗부분에 붙여야 하는데, 주의할 점은 아랫부분의 오려낸 부

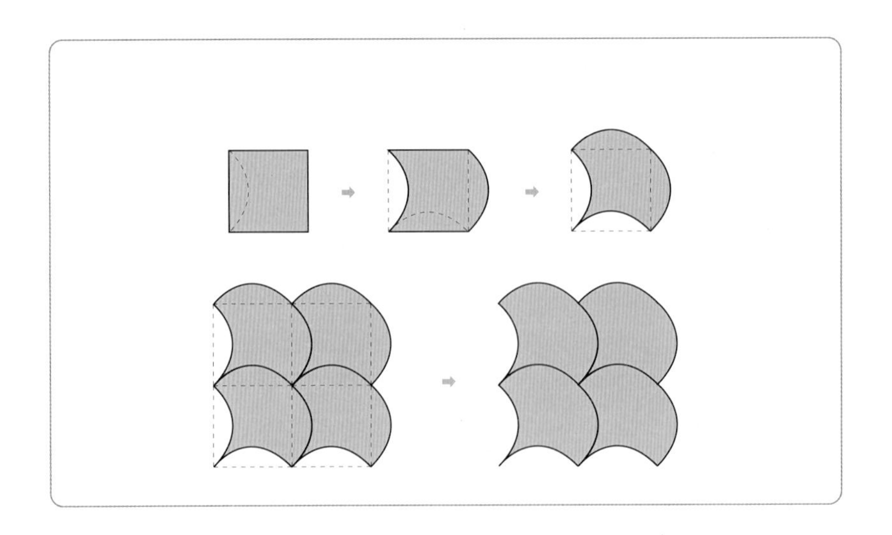

분과 똑같은 위치의 윗부분에 오려낸 그림조각을 붙여야 한다는 것이다. 위아래가 결정되었으므로 같은 방법으로 그림을 그려 넣고 잘라내어 붙여 오른쪽과 왼쪽을 만들어간다. 그리고 완성된 여러 장의 색종이를 서로 겹치지 않게 붙이면 그림과 같은 쪽매맞춤이 완성된다.

쪽매맞춤은 같은 모양의 정다각형을 이용하는 경우와 서로 다른 모양의 다각형을 이용하는 경우가 있다. 다음 그림은 정사각형과 정팔각형을 이용한 쪽매맞춤과 정삼각형, 정사각형, 정육각형 모두를 이용한 쪽매맞춤이다. 이처럼 서로 다른 모양의 도형을 이어 붙이는 것을 반등각등변 쪽매맞춤이라고 한다. 반등각등변 쪽매맞춤은 12개 이상의 변을 가진 도형으로는 만들 수 없다. 또 변의 수가 5, 7, 9, 10, 11인 도형도 불가능하다.

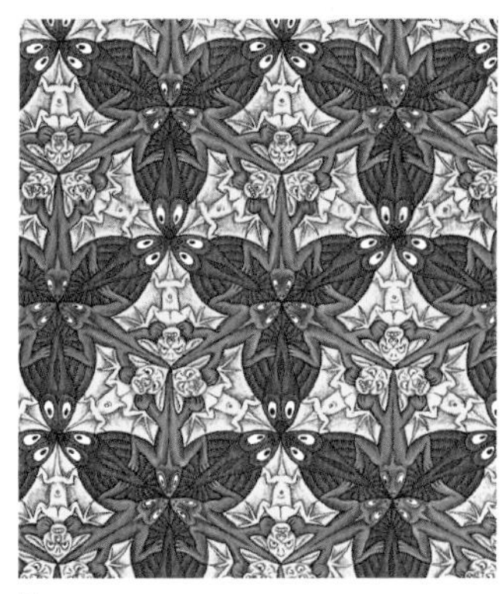

쪽매맞춤의 다양한 모습들.

어떤 경우가 가능하고, 어떤 경우가 불가능한지를 알려면 '군론(Group Theory)' 을 배워야 한다. 아마도 많은 사람들이 군론을 이해하는 데 어려움을 느낄 것이다. 그러나 군론은 $2x=3$과 같은 간단한 방정식을 풀기 위해 꼭 필요하다. 방정식 $2x=3$의 해를 구하기 위해서는 양변에 미지수 x의 계수 2의 역수 $\frac{1}{2}$을 곱해야 한다. 그러면 $x=\frac{3}{2}$이라는 해를 얻는데, 이때 곱셈연산이 정의되어 있고 그 연산에 따라 2의 역수가 $\frac{1}{2}$이며 그것을 양변에 곱하여도 등호는 변함이 없다는 것 등이 모두 군론의 일부이다. 군의 정의는 다음과 같다.

군의 정의 : 집합 $G(\neq\phi)$ 위에 이항연산 ∘이 정의되어 있고, 즉 a, $b \in G$이면 $a \circ b \in G$이고 다음이 성립할 때, $(G, \circ)$를 군이라고 한다.

① 연산에 관한 결합법칙이 성립한다.

$(a\circ)b\circ c = a\circ(b\circ c)$

② 특정한 원소 $e \in G$가 존재하여, 모든 원소 $a \in G$에 대하여 등식 $a \circ e = e \circ a = a$가 성립한다. 이때 원소 e를 연산 ∘에 관한 항등원이라고 한다.

③ 각 $a \in G$에 대하여 $a \circ x = x \circ a = e$인 원소 $x \in G$가 존재한다. 이때 원소 x를 a의 연산 ∘에 관한 역원이라고 한다.

위의 정의에서 연산 ∘이 특히 우리가 늘 사용하고 있는 +이면 덧셈군, ×이면 곱셈군이라고 한다. 덧셈군인 경우 항등원은 0이고 G의 원소 a의 역원은 $-a$이다. 곱셈군의 경우 항등원은 1이고 0이 아닌 G의 원소 a의 역원은 $a^{-1}=\frac{1}{a}$이다. 따라서 앞에서 주어진 방정식 $2x=3$은 곱셈군을 이용하여 해를 구한 것이다. 그리고 $x+2=3$과 같은 방정식은 덧셈군의 성질을 이용하여 2의 역원 -2를 양변에 더해주어서 해 $x=1$을 구할 수 있다.

하지만 $2x+2=4$와 같은 방정식은 군론만으로는 해를 구할 수 없다. 왜냐하면 군은 덧셈이든 곱셈이든 연산이 하나만 정의되어 있는데, 이 방정식에는 덧셈과 곱셈 두 가지 연산이 동시에 사용되고 있기 때문이다. 따라서 좀더 발전된 수학적 구조가 필요하다.

그래서 나온 것이 '환론(Ring Theory)'이다. 환론은 군론에서 사용되었던 연산에다 또다른 연산 하나를 더 첨가하여 어떤 성질을 만족하게 하는 것이다. 수학적인 구조가 환에 이르면 비로소 $2x+2=4$와 같은 방정식의 해를 구할 수 있게 된다.

도형을 회전이동하거나 대칭이동하여 다른 곳으로 옮겨 도형들이 반복적으로 나타나게 할 수 있는데, 이런 이동을 하나의 연산 $\circ$로 생각하면 이 연산에 대하여 가능한 모든 경우의 모양의 집합은 군을 이룬다.

따라서 쪽매맞춤은 군론으로 설명할 수 있는데, 군론을 이용하여 쪽매맞춤의 원리를 수학적으로 설명하려면 매우 복잡한 과정을 거쳐야 한다.

에스헤르의 〈도마뱀〉

에스헤르의 〈도마뱀〉은 1943년에 완성한 것으로 정육각형을 이용한 대표적인 쪽매맞춤 작품이다. 에스헤르는 이 작품에서 꼬리를 물고 움직이는 도마뱀이 쪽매맞춤을 통과할 때는 평면으로, 통과한 후에는 다시 입체가 되게 그렸다. 주목할 점은 도마뱀이 정12면체를 지날 때 콧구멍에서 증기가 뿜어져 나오고 있다는 것이다.

정다면체에는 정4면체, 정6면체, 정8면체, 정12면체, 정20면체가 있다. 플라톤은 이것들을 각각 불, 흙, 공기, 우주, 물로 비유했다. 따라서 그림의 도마뱀은 우주를 밟고 있는 것이다. 또한 그림에서 우리는 삼각형, 사각형, 오각형, 육각형 등 많은 다각형들을 찾을 수 있다. 따라서 에스헤르가 이 그림을 그릴 때 수학적으로 대단히 고민하며 그렸음을 알 수 있다.

에스헤르가 그린 〈도마뱀〉(1943). 이 그림 속에서 다양한 다각형을 찾아볼 수 있다.

도마뱀 이야기가 나왔으니 다른 이야기를 하나 해보자. 〈도마뱀〉에 사용된 기법은 잘 알다시피 쪽매맞춤이고, 쪽매맞춤은 어떤 평면을 일정한 형태로 덮는 작업이다. 그런데 그와 반대로 주어진 평면을 똑같은 모양과 크기로 나누는 것도 있다. 이것을 영어로 'Reptile' 이라고 하는데,

reptile은 '도마뱀 또는 파충류'를 말한다. 그러나 이 단어는 원래 반복 또는 복사라는 뜻의 'replication'과 타일의 'tile'이 합쳐져 'rep-tile'이 된 것이다.

물에 사는 어떤 생물은 그 두께가 거의 없는 다각형 형태를 하고 있는데, 가장자리에 있는 섬모로 헤엄치고 표피로 영양분을 흡수한다고 한다. 이 생물은 일정한 크기로 자라면 똑같은 모양으로 4등분된다. 그래서 이런 생물이 똑같은 모양으로 다시 만들어진다는 의미로 reptile이라고 부르는 것이다. 다음 그림은 삼각형, 평행사변형 등을 비롯한 다양한 reptile의 예이다.

삼각형과 평행사변형의 reptile

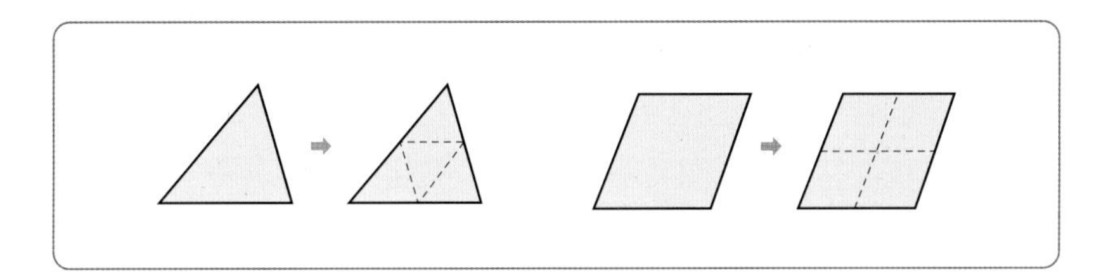

4변형 reptile

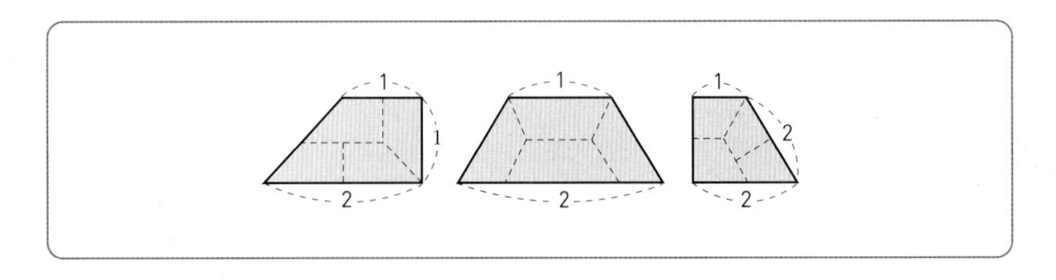

5변형 reptile

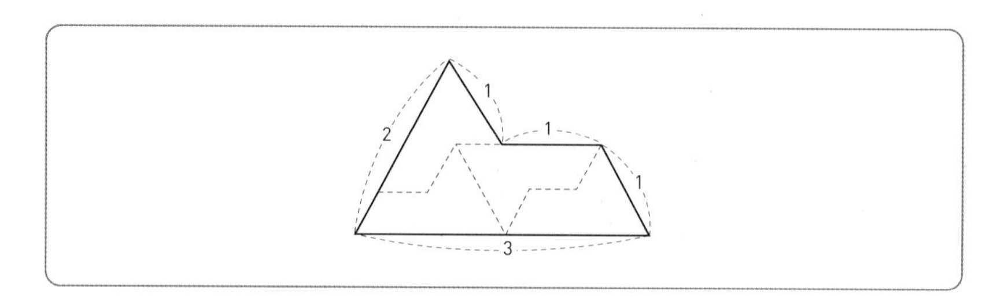

6변형 reptile

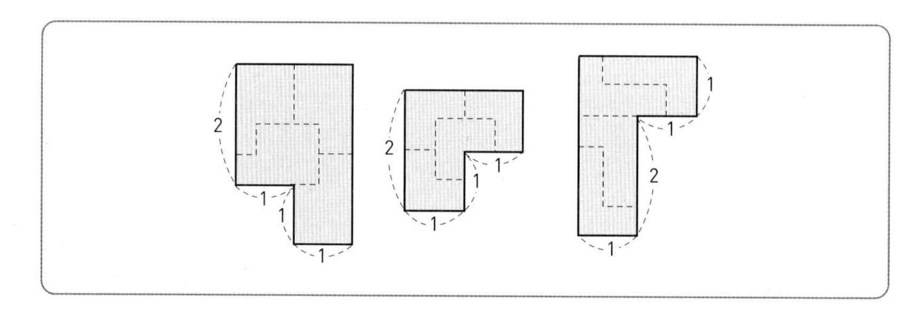

수학이 즐거운 이유는 새로운 것을 계속 발견할 수 있기 때문이다. 이 책에 소개되지 않은 것들을 스스로 발견하여 수학의 재미를 한껏 느껴 보자.

종이는 몇 번이나 접을 수 있을까

종이접기 공식과 2의 거듭제곱

2과 $\frac{1}{2}$의 위력

'시작이 반이다'라는 말이 있다. 이것은 실행의 중요성을 강조한 말이지만, 반'이라는 개념이 인간에게 얼마나 중요한 기준인지를 말해주는 것이기도 하다. 우리는 종종 어떤 것을 반으로 나누는 것을 대수롭지 않게 여기지만 자연수 중에서 1을 빼고 가장 작은 수인 2와 그것의 역수인 $\frac{1}{2}$(반)은 실로 대단한 위력을 가지고 있는 수이다.

종이접기의 원리는 다양한 수학 분야에 응용되고 있다.

몇 년 전, 미국의 한 여고생이 종이접기에 관한 재미

있는 수학을 소개해 화제가 되었다. 종이를 반으로 계속 접을 때 몇 번이나 접을 수 있는가 하는 문제였다. 이 여학생이 새로운 결과를 발표하기 전까지는 대략 7번 내지 8번 접을 수 있다고 알려져 있었다. 생각보다 적은 횟수라고 생각할 수 있지만 실제로 해보면 7번 접기도 결코 쉽지 않음을 금방 알 수 있을 것이다.

사실 선진국에서는 오래전부터 '반으로 종이접기'를 중요한 문제로 생각해왔다. 실생활에 직접적인 영향을 주는 문제는 아니지만 새로운 사실을 수학적으로 밝히고자 하는 인간의 욕구를 충족시켜줄 수 있는 수학문제이다. 그런데 수학의 전문가도 아닌 한 여고생이 이 문제를 '수학적으로' 멋지게 풀어낸 것이다.

여고생이 풀어낸 종이접기 공식

■ 브리트니 갤리번.

브리트니 갤리번(Britney Gallivan)은 종이를 반으로 접는 것에 관한 공식을 발견했을 뿐만 아니라 종이를 무려 12번 접어 보여 주위를 깜짝 놀라게 했다. 그녀가 만든 공식을 알아보기 전에 먼저 반으로 접었을 때 무슨 일이 벌어지는지 생각해보자.

먼저 종이 한 장의 넓이를 1이라고 했을 때 그 종이를 반으로 한 번 접으면 접힌 종이의 한 면의 넓이는 $\frac{1}{2}$이다. 그것을 다시 한 번 더 접으면 넓이는 다시 반으로 줄어들기 때문에 $\frac{1}{2}\times\frac{1}{2}=\left(\frac{1}{2}\right)^2=\frac{1}{4}$이다. 또 한 번 더 접어 모두 3번을 접는다면 3번 접힌 종이 한 면의 넓이는 $\left(\frac{1}{2}\right)^3=\frac{1}{8}$이 된다.

이와 같은 방법으로 계속해서 6번 접는다면 접힌 종이 한 면의 넓이는 $\left(\frac{1}{2}\right)^6=\frac{1}{64}$이다. 그런데 이것은 종이의 두께나 길이를 생각하지 않은 단순한 계산이다. 하지만 실제로 종이를 접을 때마다 접혀지는 모서리 부분이 생기는데, 그 부분이 차지하는 넓이가 의외로 넓다. 따라서 종이를 접으면 접을수록 사각형 모양을 유지하지 못하고 찌그러지게 된다.

이제 브리트니가 만든 종이접기에 관한 공식을 알아보자. 먼저 종이를 한쪽 방향으로만 접어갈 때, t를 종이의 두께, L을 종이의 길이, n을 접는 횟수라고 하자. 이들 사이에는 다음과 같은 관계가 성립한다.

$$L=\frac{\pi t}{6}(2^n+4)(2^n-1)$$

브리트니는 종이를 번갈아 접는 경우의 공식도 찾아냈는데, 가로와 세로의 비가 1 : 2인 직사각형 종이의 가로의 길이가 W라면 다음과 같은 관계가 성립한다.

$$W=\pi \cdot t \cdot 2^{\frac{3(n-1)}{2}}$$

예를 들어 두께가 0.1mm인 종이를 한쪽 방향으로 11번 접는다고 생각해보자. 그러면 $n=11$이므로 $2^{11}=2048$이고, π가 3.14이므로 다음과 같다.

$$L=\frac{3.14\times0.1}{6}(2052)\times(2047)\approx219823\text{mm}$$

이것을 미터로 바꾸면 약 220m가 된다. 즉, 얇은 종이를 한쪽 방향으로 11번을 접으려면 최소한 220m의 종이가 필요하다. 하지만 종이를 번갈아가며 접는 경우는 다음과 같다.

$$W=3.14\times0.1\times2^{\frac{3(11-1)}{2}}=0.314\times32728\approx10289\text{mm}$$

따라서 가로가 10.2m, 세로가 20.4m인 종이로 11번까지 접을 수 있다는 결론이 나온다. 그렇지만 이런 결과들은 단순한 수학적 계산일 뿐 실제로는 이보다 훨씬 길고 넓은 종이가 필요하다.

이제 브리트니가 어떻게 이 공식을 얻었는지 알아보자. 먼저 한쪽 방향으로 종이를 접는다는 것은 그림과 같이 계속해서 접는 것을 의미한다.

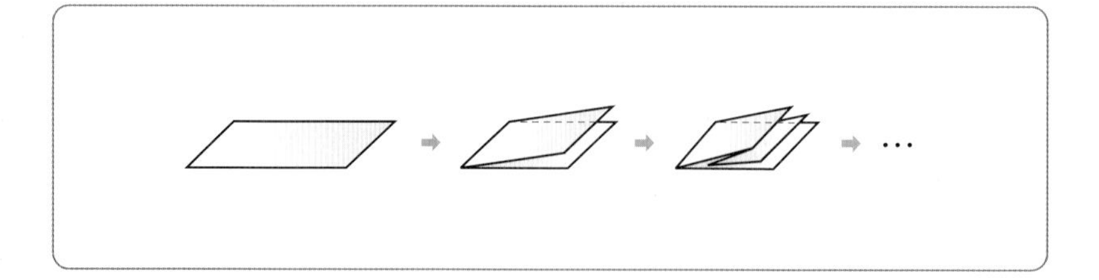

한 번 접는 경우는 $n=1$이므로 $L=\frac{\pi t}{6}\times(6)\times(2-1)=\pi t$이다. 따라

서 종이를 한 번 접을 때 반원으로 접히는 경우가 최소 길이인데, 여기서 필요한 종이의 최소 길이는 πt이다.

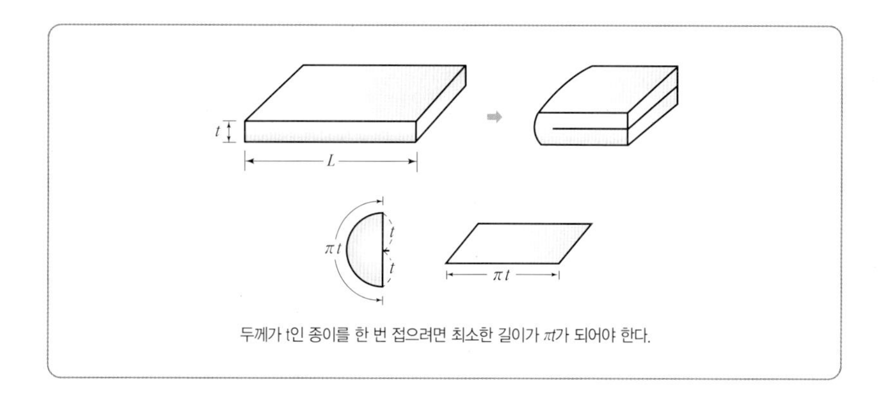

두께가 t인 종이를 한 번 접으려면 최소한 길이가 πt가 되어야 한다.

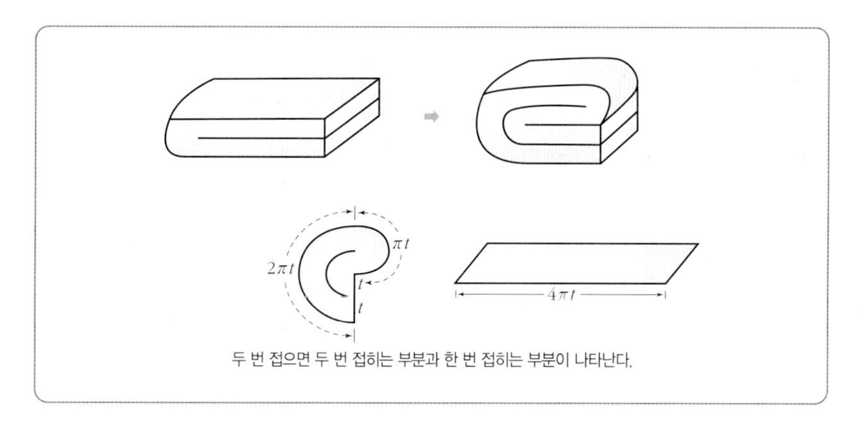

두 번 접으면 두 번 접히는 부분과 한 번 접히는 부분이 나타난다.

두 번 접는 경우는 $n=2$이므로 $L=\frac{\pi t}{6}\times(8)\times(3)=4\pi t$이다. 따라서 길이가 $4\pi t$인 종이로 두 번 접으면 앞의 그림과 같이 반지름의 길이가 t인 작은 반원 두 개와 반지름의 길이가 $2t$인 반원의 둘레의 길이를 합한 것과 같다. 3번 접으면 $n=3$이므로 $L=\frac{\pi t}{6}\times(12)\times(7)=14\pi t$이다.

그림에서 알 수 있듯이 둘레의 길이가 각각 $4\pi t$인 반원이 1개, $3\pi t$인 반원이 1개, $2\pi t$인 반원은 2개, πt인 반원은 3개가 있어야 하므로 이들을 모두 합하면 $14\pi t$가 된다. 브리트니는 이와 같은 방법으로 n번 접을 때 종이의 최소 길이를 구하는 공식을 얻었다.

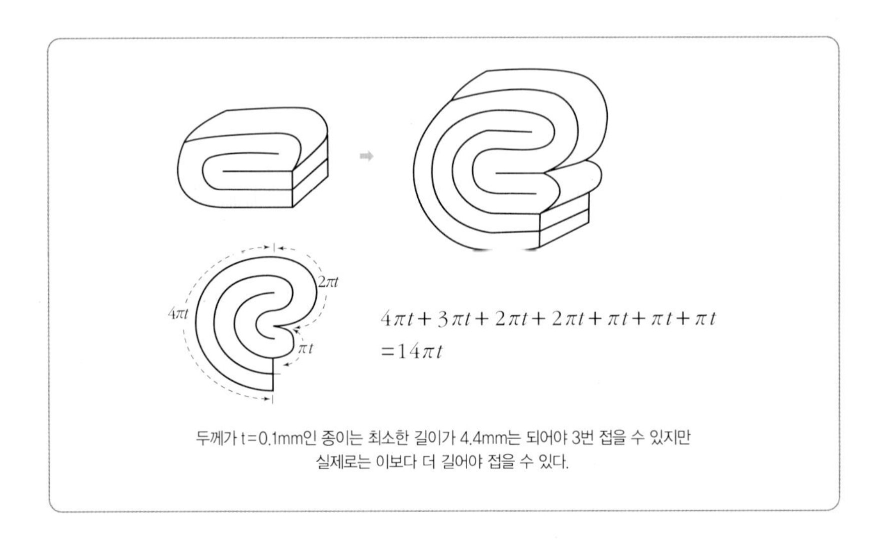

두께가 t=0.1mm인 종이는 최소한 길이가 4.4mm는 되어야 3번 접을 수 있지만 실제로는 이보다 더 길어야 접을 수 있다.

종이를 번갈아 접는 경우를 생각해보자. 원래 그녀는 가로와 세로가 1 : 2인 종이를 염두에 두고 위와 같은 공식을 만들었다. 여기서는 종이를 3번 번갈아 접었을 경우만 생각해보자.

이 경우는 $n=3$이므로 $W=\pi t2^3=8\pi t$이다. 다음 그림에서 알 수 있듯이 $4\pi t$, $3\pi t$, πt가 각각 하나씩 있으므로 가로 길이는 최소한 $8\pi t$이어야 한다.

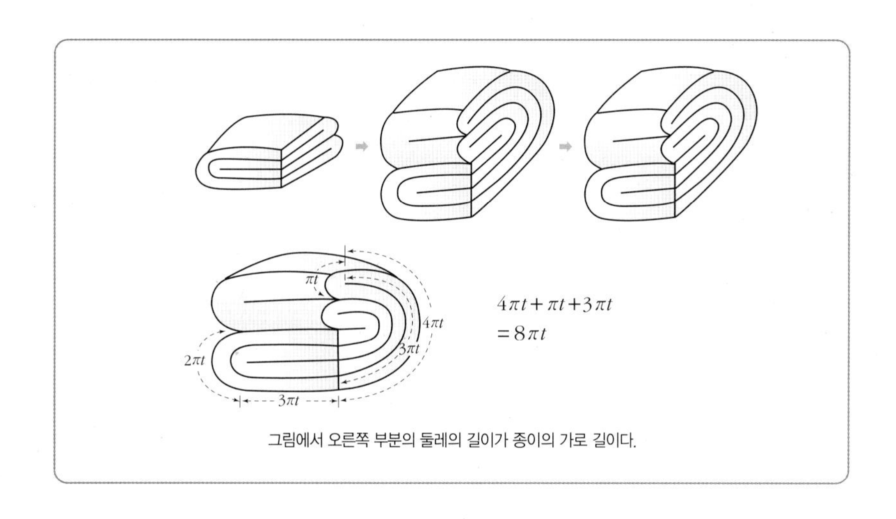

그림에서 오른쪽 부분의 둘레의 길이가 종이의 가로 길이다.

태조 이성계와 무학대사

'반으로 접기'는 태조 이성계와 왕사(王師)인 무학대사 이야기에도 등장한다. 이성계는 왕이 되기 전에 이상한 꿈을 꾸었다. 자신이 서까래 세 개를 등에 짊어지고 있었는데, 곧 어여쁘고 탐스러운 꽃잎이 모두 떨어지는 것이었다. 그러고는 거울이 깨졌는데 그 소리에 놀라 꿈에서 깨었다. 이성계는 무학대사에게 해몽을 부탁했고, 무학대사는 이렇게 꿈을 풀었다.

"서까래 세 개를 등에 짊어진 것은 한자로 임금 왕(王)자를 뜻하는 것이고, 꽃잎이 모두 떨어진 것은 곧 결실을 맺을 것이라는 의미입니다. 또한 거울이 깨지면 반드시 큰소리가 나는 법이니 이는 널리 그 이름을 떨치게 된다는 의미입니다. 그러니 장군께서는 반드시 임금이 되실 것

태조 이성계와 무학대사.

입니다. 만약 저의 해몽이 맞아 후에 임금이 되시면 바로 이곳에 절을 지어 주십시오."

후에 임금이 된 이성계는 그 자리에 절을 지어 자신의 꿈을 해몽한 절이라는 뜻으로 석왕사(釋王寺)라고 이름을 지었다. 꿈을 해몽한 후에 무학대사는 이성계의 배포와 됨됨이를 가늠하고자 명주실 한 타래를 가지고 와서 이런 질문을 했다.

"명주실 한 가닥을 반으로 접어 두 겹이 되게 하고, 접은 것을 다시 반으로 접어 네 겹이 되게 하고 이와 같이 반으로 접기를 30번을 계속하면 마지막의 굵기가 얼마나 되겠습니까?"

이 질문에 이성계는 절의 굵고 둥근 기둥을 가리키면서 말했다.

"그 굵기는 저 기둥 정도가 될 것 같습니다."

그렇다면 실제 굵기는 어느 정도일까? 명주실 100가닥을 합친 굵기가 성냥 한 개비 정도의 굵기인 $1mm^2$ 정도라고 할 때, 반으로 한 번 접으면 2가닥, 두 번 접으면 4가닥, 세 번 접으면 8가닥이 된다. 따라서 30번 접으면 접힌 명주실은 2^{30}가닥이 된다. 2^{30}은 정확하게 1,073,741,824가닥의 명주실을 겹쳐놓은 것이다. 100가닥의 굵기가 약 $1mm^2$이므로 30번 접은 명주실의 굵기는 약 $10,737,418mm^2$이며, 이것은 약 $10.7m^2$의 넓이를 갖는 원이다. 원의 넓이는 ($\pi \times$반지름$\times$반지름)이므로 $10.7m^2$은 반지름이 약 1.85m인 원의 넓이이다. 따라서 그 굵기가 지름이 3.7m인 기둥과 같게 되므로 당시 이성계가 가리킨 절의 기둥은 명주 실을 계속하여 반으로 26번 내지는 27번 정도 접은 굵기이다. 반으로 접는 것에 대하여 충분한 이해를 하고 있었던 이성계는 실로 왕이 될 만한 인물이었음에 틀림없다.

나의 조상은 몇 명이나 될까

내가 태어나기 위해서는 아버지와 어머니 두 분이 계셔야 한다. 그리고 아버지가 태어나기 위해서는 할아버지와 할머니 두 분이 계셔야 하고, 어머니가 태어나기 위해서는 외할아버지와 외할머니 두 분이 계셔야 한다. 그런데 할아버지와 할머니 그리고 외할아버지와 외할머니가 태어나려면 그분들의 부모님들이 각각 2분씩 계셔야 한다. 이렇게 생각하면 나의 1세대 전에는 2명, 2세대 전에는 $2 \times 2 = 2^2 = 4$명, 3세대 전에는 $2 \times 2 \times 2 = 2^3 = 8$명이 있어야 한다. 마찬가지 이유로 4세대 전에는 2^4

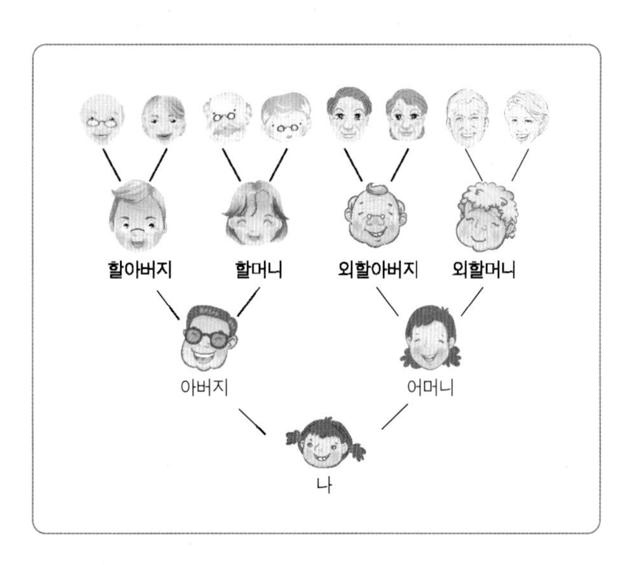

명, 5세대 전에는 2^5명이 있어야 하고, 생각을 좀더 넓히면 n세대 전에는 2^n명이 있어야 한다.

보통 30년을 1세대로 계산하므로 20세대 전인 600년 전에는 나의 직계조상은 $2^4=1,048,576$명이 된다. 우리나라의 역사가 약 5,000년인데, 이는 지금부터 약 165세대 전이다. 즉, 단군 할아버지가 우리나라를 처음 세울 때 나의 직계조상은 2^{165}명이어야 한다. 그런데 $2^{165} \fallingdotseq 47$극이고, 극이란 10^{48}이다. 즉, 지구는 온통 사람들로 꽉 차 있었다는 이야기이다. 하지만 이것은 실제와는 다른 단순한 계산에 불과하다.

그렇다면 어찌된 일일까? 실제로 어느 대에서는 서로 남남이 아닌 사람들끼리 결혼해야 이 같은 일이 벌어지지 않는다. 결국 우리는 어느 대에선가는 피를 섞었던 한가족인 것이다.

혈액형으로 사람을 나눌 수 있을까

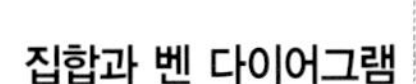

혈액형 구분법의 시작

혈액형에 관한 체계적인 연구는 19세기 말부터 시작되었다. 혈액형은 적혈구의 세포막에 있는 항원인 여러 종류의 글리코프로틴(Glycoprotein, 단백질에 다당류 곁가지가 붙은 것)에 의해 결정된다. 현재까지 알려진 적혈구 항원의 종류는 수백 종이고 혈액형도 수백 가지이지만 크게 두 가지 구분법이 있다. 바로 ABO식 혈액형과 Rh식 혈액형이다.

ABO식 혈액형은 1901년 오스트리아의 란트슈타이너(Karl Landsteiner)가 만든 것으로 A형, B형, AB형, 그리고 O형으로 나뉜다. 기본적으로 사람과 사람의 혈액을 섞었을 때 일어나는 응집반응의 여부로 구분하며, 이는 면역에서 말하는 항

ABO식 · Rh식 혈액형 구분법을 만든 란트슈타이너.

원항체반응의 결과이다.

Rh식 혈액형은 란트슈타이너가 1940년 붉은 털 원숭이의 혈액과 응집반응 여부를 통해 구분했다. Rh^{+}는 Rh항원을 가지고 있는 경우이고, Rh^{-}는 아무것도 가지고 있지 않는 경우이다. 특히 동양인은 Rh^{-}형이 극히 적으므로, 수혈할 때 문제가 되기도 한다.

혈액형 하면 가장 먼저 혈액형과 성격과의 관련성이 떠오른다. 그런데 ABO식 혈액형과 성격 사이에 밀접한 연관이 있다는 설은 과학적 근거가 전혀 없는 속설이다.

20세기 초 유럽에서는 백인종이 다른 인종보다 우월하다는 것을 학문적으로 입증하려는 연구가 시작되었다. 1910년대 독일 하이델베르크 대학의 둥게른(Emile von Dungern)은 「혈액형의 인류학」이라는 논문에서 혈액형에 따른 인종 우열론을 주장했다. 그는 이 논문에서 더러워지지 않은 순수 유럽민족, 즉 게르만 민족의 피는 A형이고, 그 반대는 B형으로 검은 머리, 검은 눈동자의 아시아 인종에게 많다고 주장했다. 물론 이 주장은 나중에 엉터리로 밝혀졌다. 이런 연구를 통해 A형은 우수한 반면 B형은 뒤떨어지기 때문에 B형이 비교적 많은 아시아인들은 원래 뒤떨어진 인종이라는 것이 그의 주장이었다.

혈액형과 성격의 연관성

그 뒤 독일로 유학을 갔던 일본인 의사 키마타 하라는 혈액형과 성격의 연관성을 연구한 논문을 발표했다. 일본은 그의 연구에 따라 혈액형으로 병사들의 장점과 단점을 파악하기 위해 1925년경 육군과 해군의 혈액형을 기록하기 시작했다. 하지만 여기에서도 혈액형과 성격 간의 결정적 연관관계는 밝혀지지 않았다.

그 후 동경여자사범학교의 강사로 있던 후루카와가 1927년 8월에 친척, 동료, 학생 등 319명을 조사해 「혈액형에 의한 기질 연구」라는 논문을 일본 심리학회지에 발표했다. 그는 이 논문에서 혈액형을 인종 간의 우열기준으로 사용하지 않고 대신에 사람의 성격을 나누는 기준으로 설명했다. 그의 이론에 따라 1930년대 일본에서는 처음으로 이력서에 혈액형을 써 넣는 칸이 생겼다.

하지만 이 주장은 별로 지지를 얻지 못하고 사라졌다. 그런데 이 주장의 영향을 받은 일본 작가 노오미(能見)가 1971년에 『혈액형 인간학』이라는 책을 출판하며 이 주장이 유행하게 되었다.

노오미는 이 책에서 자신이 만나본 사람들을 관찰한 결과에 의하면 ABO식 혈액형과 성격 사이에 연관성이 있다고 주장했다. 이후 이 이론은 여성지 등을 중심으로 궁합, 직업, 대인관계, 학습법 등으로 응용되고 이와 관련된 온갖 상품들도 생겨나게 되었다. 1980년대에 들어오면서 여러 학자들의 비판으로 유행이 가라앉긴 했지만, 현재도 많은 잡지와 책이 출판되고 있으며 점술에서도 널리 사용되고 있다.

우리나라에서도 노오미의 책이 번역되어 사람들의 관심을 끌었다. 지금도 서점에는 혈액형과 관련된 책들이 많이 나와 있다. 지구상에서 우리나라를 비롯하여 일본, 대만 등 동아시아 몇 개국 사람들만이 혈액형과 성격이 관련성이 있다고 믿고 있으나 이는 미신이 과학이라는 이름으로 포장된 것이다. 만일 혈액형으로 사람의 성격을 규정한다면 이 세상에는 단 4가지 성격뿐이라는 말인가?

■
혈액형과 성격의 연관성을 소재로 만든 영화 〈B형 남자친구〉.

서양인은 대부분 A형과 O형이고, B형과 AB형은 10% 정도밖에 되지 않아 혈액형으로 사람을 나누는 것은 큰 의미가 없다. 일본과 한국은 네 가지 혈액형이 골고루 나눠진 편이라 이런 미신적인 구분법이 남아 있는 것이다.

일본의 유명한 심리학자인 오무라 교수는 "일본은 원래 조그만 집단에라도 속해 있으면 안심하는 민족이라 그런 걸 믿는다."라고 말했다. 우리도 일본식 집단주의에 빠져 있는지 반성해봐야 할 것이다.

벤 다이어그램으로 나타낸 혈액형

이제 ABO식과 Rh식으로 혈액형의 종류를 분류해보자. ABO식 혈액형에서는 A항원이나 B항원을 가지고 있거나 항원을 가지고 있지 않는 것으로 분류한다. 또 Rh식 혈액형에서는 Rh항원을 가지고 있는 경우는 Rh^{+}로, 가지고 있지 않는 경우는 Rh^{-}로 분류한다. 이를 바탕으로 혈액형을 분류하면 다음과 같다.

ABO식 혈액형	갖고 있는 항원(Antigen)	Rh항원
A^{+}	A항원	Rh항원을 가지고 있다
A^{-}	A항원	Rh항원을 가지고 있지 않다
B^{+}	B항원	Rh항원을 가지고 있다
B^{-}	B항원	Rh항원을 가지고 있지 않다
AB^{+}	A항원과 B항원	Rh항원을 가지고 있다
AB^{-}	A항원과 B항원	Rh항원을 가지고 있지 않다
O^{+}	항원을 가지고 있지 않다	Rh항원을 가지고 있다
O^{-}	항원을 가지고 있지 않다	Rh항원을 가지고 있지 않다

위 표를 집합의 표현 방법 중 하나인 벤 다이어그램으로 나타내면 편리하다. 벤 다이어그램은 19세기 영국의 논리학자 벤(Venn, J, 1834~1923)이 창안한 그림이다. 벤 다이어그램은 1880년에 발표한 그의 논문「명제와 논리의 도식적, 역학적 표현에 관하여」에서 처음으로 소개되어 집합 사이의 관계를 도식화하는 도구로 사용되기 시작했

영국의 논리학자 벤. 집합의 포함 관계를 설명하는 벤 다이어그램을 만들었다.

다. 벤 다이어그램은 집합을 연산할 때 편리하므로 집합의 연산에 대해 알아보며 생각하기로 하자.

예를 들어 $A=\{1, 3, 5, 7\}$이고 $B=\{5, 7, 9\}$라면 $A\cap B=\{5, 7\}$, $A\cup B=\{1, 3, 5, 7, 9\}$이고, 이를 벤 다이어그램으로 나타내면 다음과 같다.

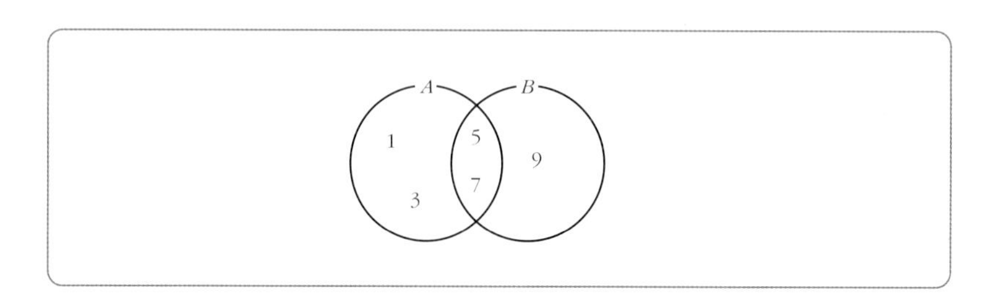

여기서 잠깐, 합집합과 교집합을 나타내는 기호 ∪과 ∩은 언제 누가 만든 것일까? 이 기호가 언제부터 사용되었는지는 분명하지 않지만 이탈리아의 수학자 페아노(Peano, G., 1858~1932)가 이 두 기호를 처음 사용했다고 알려졌다. 기호 ∪과 ∩은 페아노가 사용하였던 ◡와 ⌒를 각각 변형한 것으로, 페아노는 독일의 수학자 슈뢰더(Schröder, F., 1841~1902)가 논리합과 논리곱을 나타내기 위해 사용한 기호 +, ×가 덧셈기호, 곱셈기호와 구별하기 어렵기 때문에 ◡와 ⌒를 새로 도입했다고 한다.

집합의 연산 중 하나인 두 집합의 차집합을 알기 위해 여집합에 관하여 알아보자. 어떤 주어진 집합에 대하여 그의 부분집합들을 생각할 때, 처음에 주어진 집합을 전체집합이라고 하며 보통 U로 나타낸다. 전체집합 U의 원소 중에서 집합 A에 속하지 않는 원소로 이루어진 집합을 U에 대한 집합 A의 여집합이라 하며, 기호로 A^C와 같이 나타낸다.

두 집합 A, B에 대하여 A의 원소 중에서 B에 속하지 않는 원소로 이루어진 집합을 A에 대한 B의 차집합이라 하며 기호로 $A-B$와 같이 나타낸다. 즉, $A-B=\{x \mid x \in \mathrm{A}$ 그리고 $x \notin B\}$이다. 그리고 다음 벤 다이어그램에서 확인할 수 있듯이 $A-B=A\cap B^C$임을 알 수 있다. 예를 들어 $A=\{1, 2, 3, 4, 6\}$, $B=\{1, 2\}$일 때, $A-B=\{3, 4, 6\}$이고, $B-A=\{1, 2\}-\{1, 2, 3, 4, 6\}=\phi$ 이다.

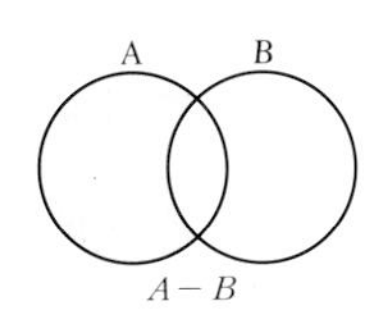

두 집합 A, B의 차집합을 나타낸 벤 다이어그램으로 색칠된 부분이 $A-B$이다.

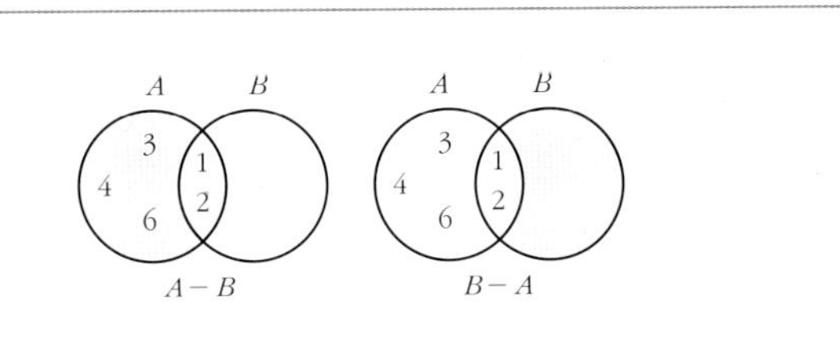

$A-B$와 $B-A$는 일반적으로 같지 않다.

지금까지 우리는 두 집합의 연산만을 생각했는데, 집합이 여러 개일 경우도 연산이 가능하며, 벤 다이어그램으로도 나타낼 수 있다. 여기서는 앞서 살펴본 혈액형 구분법을 벤 다이어그램으로 나타내보자.

우선 전체집합 U를 우리나라 국민이라고 하고, 집합 A를 A항원을 가지고 있는 사람, 집합 B를 B항원을 가지고 있는 사람, 그리고 집합 Rb를 Rh항원을 가지고 있는 사람이라고 하자. 그러면 혈액형은 집합 A, B, Rb를 사용하여 다음과 같이 벤 다이어그램으로 나타낼 수 있다.

$\mathrm{A}^{+}=(A-B)\cap Rb$

$\mathrm{A}^{-}=(A-B)-Rb$

$\mathrm{B}^{+}=(B-A)\cap Rb$

$\mathrm{B}^{-}=(B-A)-Rb$

$\mathrm{AB}^{+}=(B\cap A)\cap Rb$

$\mathrm{AB}^{-}=(B\cap A)-Rb$

$\mathrm{O}^{+}=(Rb-A)-B$

$\mathrm{O}^{-}=U-(A\cup B\cup Rb)$

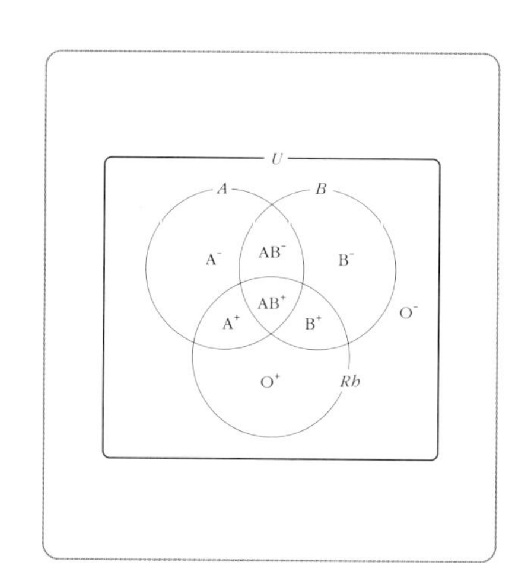

벤 다이어그램으로 나타낼 수 있는 집합의 개수

앞에서와 같이 집합이 3개인 경우는 2개인 경우와 마찬가지로 어렵지 않게 벤 다이어그램을 그릴 수 있다. 그렇다면 집합이 4개일 때 벤 다이어그램은 어떻게 그릴 수 있을까? 그릴 수 있다면 그 모양은 어떤 것일까? 다음 그림은 1880년에 벤이 4개의 집합과 5개의 집합을 각각 벤 다이어그램으로 나타낸 것이다.

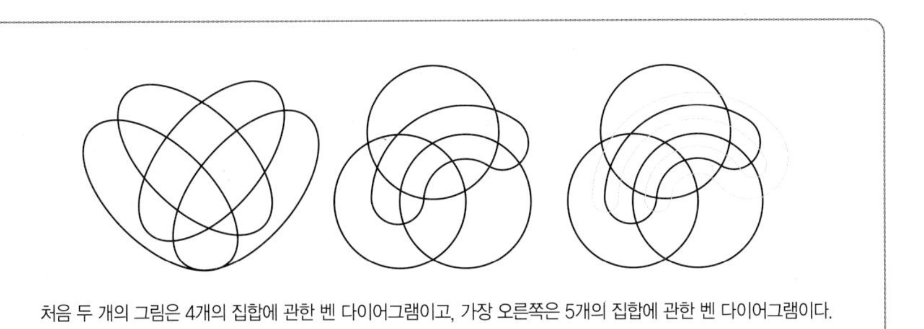
처음 두 개의 그림은 4개의 집합에 관한 벤 다이어그램이고, 가장 오른쪽은 5개의 집합에 관한 벤 다이어그램이다.

그렇다면 과연 몇 개의 집합까지 벤 다이어그램으로 나타낼 수 있을까? 이 문제를 해결하기 위하여 다음 그림을 살펴보자.

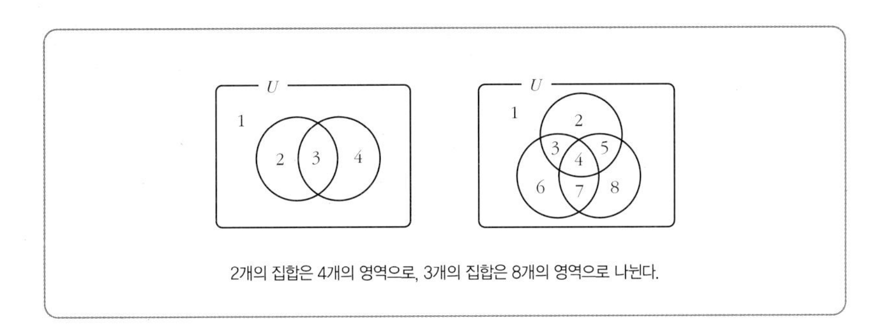

2개의 집합은 4개의 영역으로, 3개의 집합은 8개의 영역으로 나뉜다.

왼쪽 그림은 2개의 집합을 벤 다이어그램으로 나타낸 것이고, 오른쪽 그림은 3개의 집합을 벤 다이어그램으로 나타낸 것이다. 그림에서 알 수 있듯이 전체집합 안에서 2개의 집합을 벤 다이어그램으로 나타내면 $4(=2^2)$개의 영역으로 나뉘고, 3개의 집합을 벤 다이어그램으로 나타내면 8($=2^3$)개의 영역으로 나뉜다. 따라서 위의 벤 다이어그램을 다음과 같이 바꾸어 그릴 수 있다.

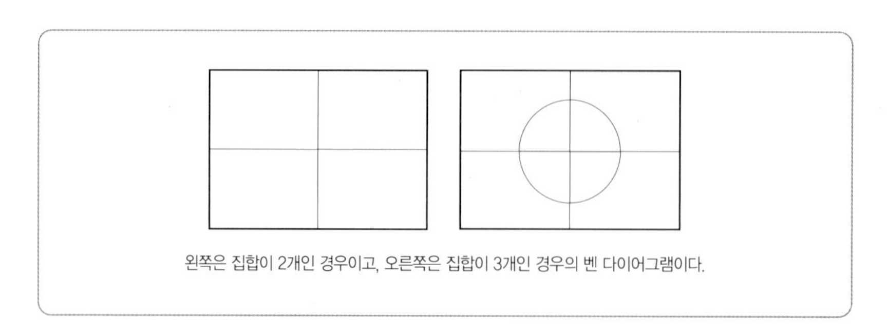

왼쪽은 집합이 2개인 경우이고, 오른쪽은 집합이 3개인 경우의 벤 다이어그램이다.

수학 시간에 졸지 않았던 독자라면 이미 전체집합 안에서 4개의 집합을 벤 다이어그램으로 나타내면 16($=2^4$)개의 영역으로 나뉜다는 것을 짐작했을 것이다. 전체집합 안에서 n개의 집합을 벤 다이어그램으로 나타내면 2^n개의 영역으로 나뉘게 될 것이다. 따라서 몇 개의 집합이라고 하더라도 그것들의 벤 다이어그램을 그릴 수 있게 된다.

다음 그림은 각각 6개와 7개의 집합을 벤 다이어그램으로 나타냈을 때 생기는 영역을 그린 것이다. 언뜻 생각하기에 할 수 없을 것 같지만

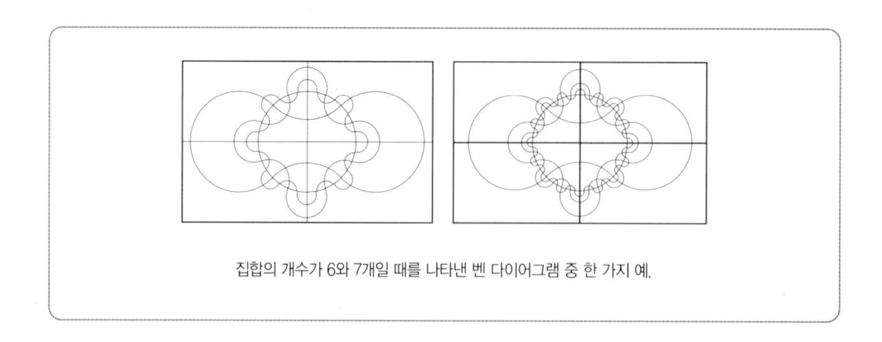

집합의 개수가 6와 7개일 때를 나타낸 벤 다이어그램 중 한 가지 예.

실제로 해보면 할 수 있는 것이 수학이다.

집합의 개수가 더 많으면 어떻게 될까? 밤 새워 문제를 해결하는 것이 수학의 재미이므로 4, 5개의 집합에 관한 그림은 일부러 보여주지 않았다. 직접 시도해보면 좋을 것이다. 그리고 약간 복잡하겠지만 8, 9개의 집합에 관한 벤 다이어그램도 생각해보자.

보이는 대로 믿지 말라

왜상과 착시

숨은 그림 찾기

다음 페이지의 그림은 1533년 독일 화가 홀바인(Hans Holbein der Ältere)이 그린 〈대사들(The Ambassadors)〉이라는 작품으로 런던 국립 미술관(National Gallery)이 소장하고 있다.

그림 속 사람들은 영국 주재 프랑스 대사와 그의 친구인 라보르의 주교인데 당시 이들은 29세와 25세로, 무척 젊은 나이에 성공한 사람들이라 할 수 있다. 의상과 소품을 살펴보면 그들의 사회적 위치를 짐작할 수 있다. 그런데 그림을 자세히 보면 가운데에 길쭉한 모양을 한 물체가 있다. 과연 이것이 무엇일까?

이 그림은 애초에 계단 벽에 걸릴 목적으로 그려졌다. 위에서 보면 무엇인지 형체가 분명하지 않았던 이 길쭉한 모양은 계단을 내려올수록

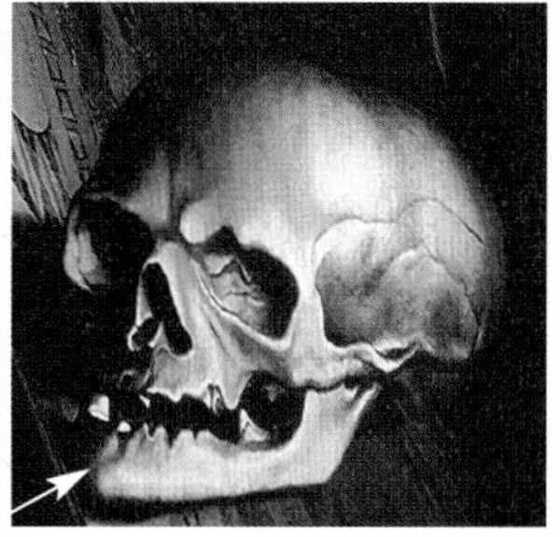

홀바인의 〈대사들〉. 가운데에 있는 길쭉한 그림에는 해골이 숨겨져 있다.

점점 해골 형상으로 보인다고 한다. 홀바인은 일찍 출세한 이 사람들 앞에 해골을 그려 넣어 인생의 무상함을 말하고 있는 것이다.

수학을 이용한 왜상예술

홀바인의 〈대사들〉처럼 의도적으로 왜곡되게 그려 어느 지점에 도달하면 정상으로 보이는 그림을 왜상(歪像, anamorphosis)이라고 한다. 그런데 왜상을 이용한 그림은 정교한 계산이 필요하기 때문에 당연히 수학적일 수밖에 없다.

왜상은 실제 형상을 변형시키는 것이므로 어떤 각도에서 보는가에 따라 그림이 다르게 나타난다. 원근법의 일종이기도 한 왜상이 미술에 이용되기 시작한 것은 르네상스 때부터였다. 왜상은 원근법과 초기 형태의 사영기하학이 접목된 것이다. 예술가들은 3차원 공간 입체의 중요한 점을 화폭에 옮겨놓기 위하여 화가의 시선 각도를 조절하면서 왜상을 그리기 시작했다. 그러나 뒤러(Albretch Dürer)는 원근법과 어둠상자나 격자판과 같은 도구를 이용하여 좀더 정확하게 표현하려고 노력했다.

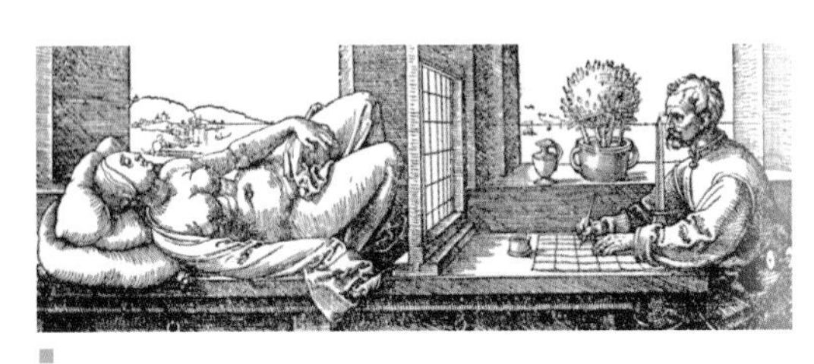

뒤러의 〈누드를 그리는 예술가〉.

뒤러의 1525년 작품 〈누드를 그리는 예술가〉에서 화가는 수직 격자 창문을 통하여 모델을 보는 관점을 캔버스에 옮겨놓고 있다. 그리고 화가의 시각을 창문에 수직이 되지 않게 했다. 그러면 화가가 보는 각도에 따라 그림이 길어지기도 하고, 형태가 변형되기도 하는 것이다. 이것이 바로 왜상예술의 시작이었다.

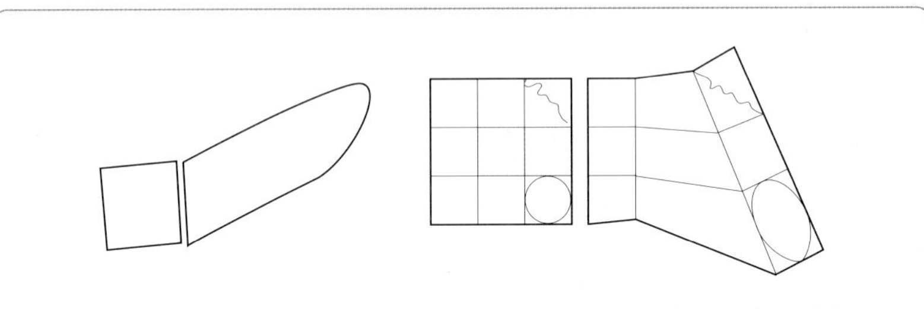

화가의 시선에 따라 정사각형은 길게 늘어진 모양이 될 수도 있고, 사다리꼴이나 직사각형으로 보일 수도 있다. 또한 둥근 원이 타원으로 보일 수도 있다.

왜상예술은 오랜 시간을 거치며 발전되었다. 어떤 것은 정사각형 격자가 사다리꼴 모양의 사변형, 직사각형, 삼각형, 심지어 원형으로까지 변형되었다. 어떤 왜상예술가들은 그림을 변형하기 위하여 원기둥, 원뿔, 피라미드 모양의 거울에 반사되는 모양을 이용하기도 했다. 특히 거울을 이용하는 것은 중국에서 기원전 500년경부터 있었다.

왜상에서 가장 많이 사용되는 방법 중 하나는 그림자를 이용하는 것이다. 수학에서는 이와 같은 방법을 사영기하학이라고 한다. 아래 그림을 살펴보자. 이 그림은 어떤 사각형에 빛을 적당한 각도에서 비추어 사각형의 그림자가 정사각형이 되도록 한 것이다. 이와 같이 원래의 모양을 그림자를 이용하여 변형하면 변하는 성질과 변하지 않는 성질이 있을 것이다. 그런 성질들을 연구하는 것이 사영기하학이다.

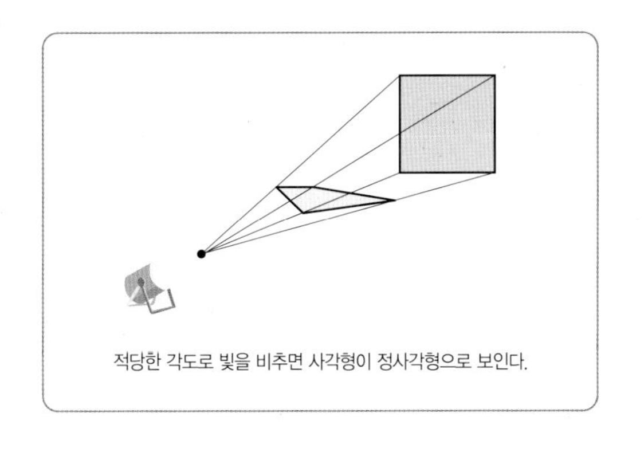
적당한 각도로 빛을 비추면 사각형이 정사각형으로 보인다.

빛이 평평한 거울에 비춰지는 경우 입사각과 반사각은 같다. 그런데 구부러진 거울에 비추면 구부러진 정도에 따라 입사각과 반사각이 달라진다. 따라서 구부러진 거울에 반사된 물체의 상은 실제와 다르게 보인다.

같은 원리로, 〈누드를 그리는 예술가〉에 나오는 화가는 캔버스 위에 각각의 격자를 통해 보이는 모델의 각 부분을 왜곡되게 그릴 것이다. 거울이 원통형이나 원뿔 또는 피라미드 모양이라면 그 상은 보다 복잡하

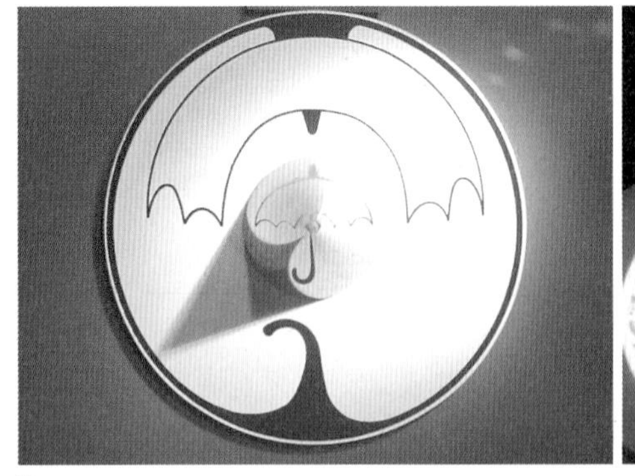

■
왜상으로 그림이 변형된 경우들.

게 찌그러져 보일 것이다. 평행한 수직선이 활 모양으로 바깥쪽으로 휘어져 보이기도 하고 곡선은 직선처럼 보일 것이며, 평행하지 않은 선분은 평행하게 보일 것이다.

이런 왜상은 놀이공원에서도 쉽게 찾아볼 수 있다. 그리고 굳이 멀리 가지 않고도 쉽게 왜상을 볼 수 있는데, 숟가락에 비친 얼굴, 원기둥 모양의 주전자나 냄비에 비친 모습들이 모두 왜상이다.

다양한 착시 현상

왜상은 빛의 굴절이나 보는 각도에 따라 달리 보이지만, 착시는 눈이 착각을 일으키는 것을 말한다. 다음 그림에서 자나 직선을 사용하지 말고 눈으로만 직선 l을 연장하여 직선 AB와 만나는 점을 찾아 연필로 표시해보자. 그런 후에 자를 이용하여 직선 l을 연장하여 미리 찍어놓은 점과 일치하는지 살펴보자.

여러분이 미리 찍어놓은 점은 직선 l을 연장하였을 때 직선 AB와 만나는 점보다 위에 있을 것이다. 이런 현상을 포겐도르프 효과(Poggendorf effect)라고 한다.

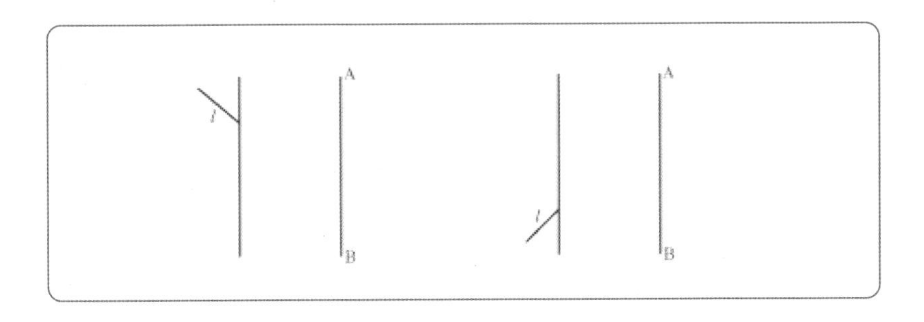

착시 현상에는 여러 가지가 있다. 그중 기하학적 착시는 크기, 방향, 각도, 곡선 등의 기하학적 형태가 실제와 다르게 보이는 것을 말한다. 기하학적 착시는 발견한 사람의 이름을 따서 부르는데 그들의 대부분은 심리학분야에서 막대한 공헌을 한 사람들이다.

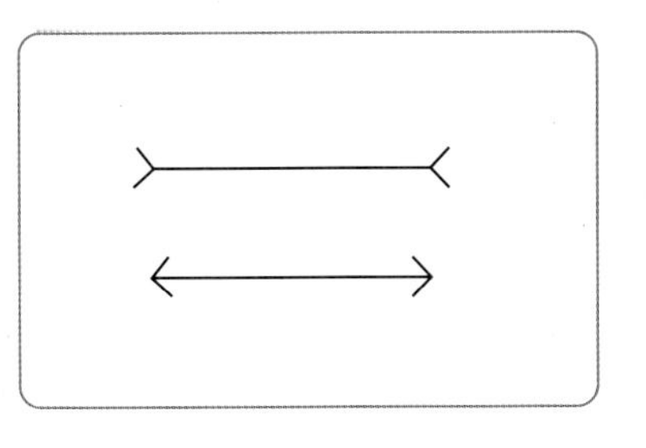

오른쪽 그림은 뮐러(Muller)-라이어(Lyer) 착시라고 하는데, 1899년에 뮐러와 라이어에 의해 고안된 것으로 동일한 두 개의 선분이 화살표 머리의 방향 때문에 길이가 달라 보인다. 착시 현상과 관련된 몇 가지 도형을 더 살펴보자.

에빙하우스(Ebbinghaus) 도형

원들로 둘러싸인 가운데 원은 둘 다 같은 크기지만 큰 원들로 둘러싸인 원이 상대적으로 더 작아 보인다.

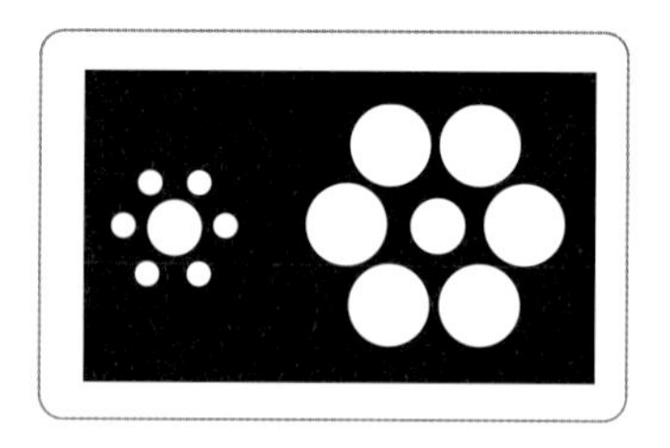

폰쪼(Ponzo) 도형

수렴하는 직선 내부에 길이가 같은 두 개의 선분을 놓았을 때 뒤에 있는 것이 길어 보인다.

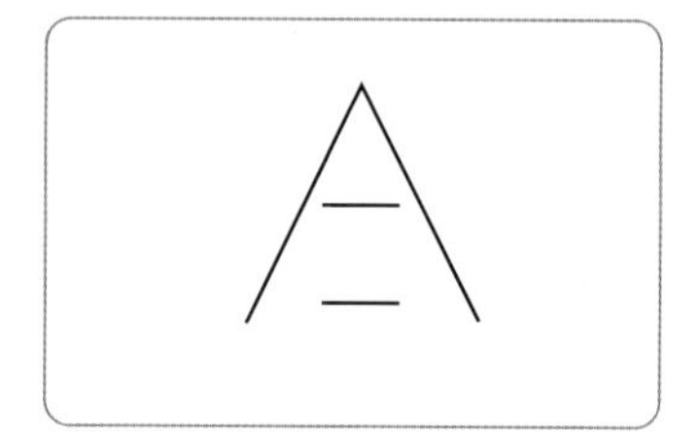

피크(Fick) 도형

길이가 같은 두 선분을 하나는 수평으로 놓고 다른 하나를 수직으로 놓으면 수직으로 놓은 선분의 길이가 길어 보인다.

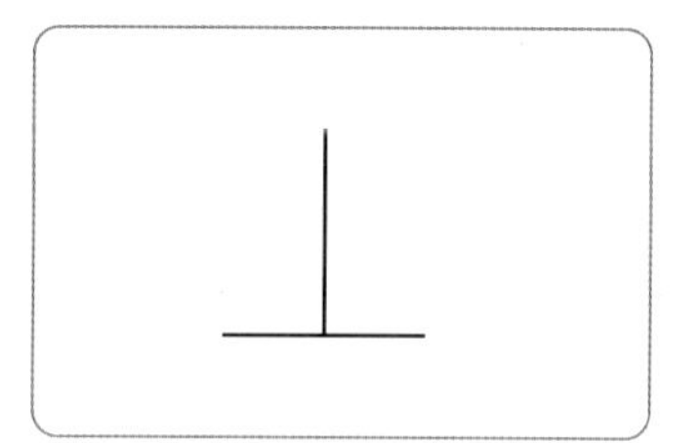

헤링(Hering) 도형

평행한 두 직선이 가운데가 볼록한 곡선으로 보인다.

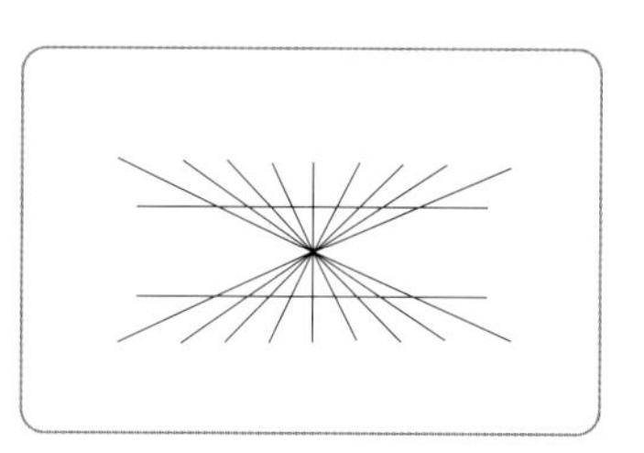

세파드(Shepard) 도형

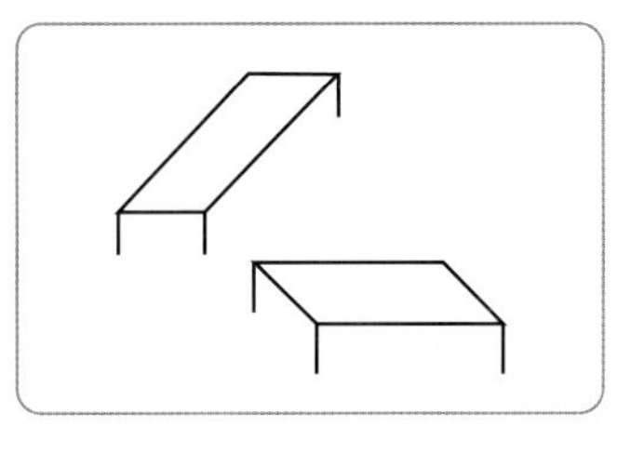

두 평행사변형은 모양과 크기가 같지만 위에 있는 것이 밑에 있는 것보다 폭이 좁고 길어 보인다.

허만(Hermann) 도형

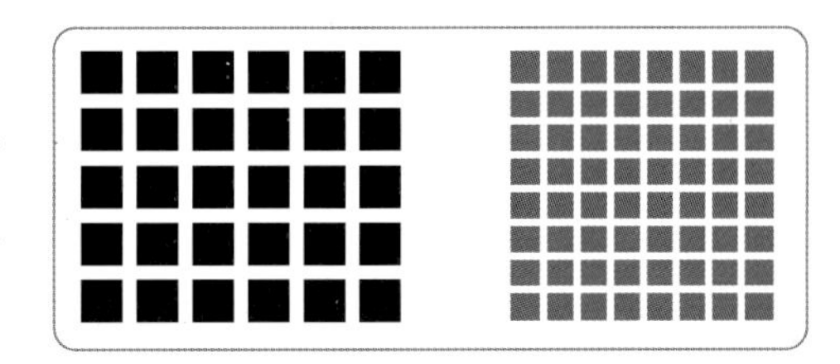

검은색 사각형들을 가까이서 보면 사각형들을 보는 동안 검은 사각형에 의해 생기는 흰색 선들의 교차점에서 검은 점들이 나타나는 것을 볼 수 있다. 오른쪽 도형은 '번득이는 격자(Scintillating Grid) 도형' 으로 허만 도형과 같이 검은 사각형에 의해 생기는 흰색 선들의 교차점에서 마치 탄산음료에서 기포가 생기듯 검은 점들이 번쩍번쩍 나타났다 사라지는 것을 볼 수 있다.

오우치(Ouchi) 도형

가는 수직 체커 판 모양이 수평 체커 판 모양 가운데에 동그랗게 있는데, 원 안에 있는 무늬가 움직이는 것처럼 보인다.

카니차(Kanizsa) 도형

전자 게임 중에 팩맨(pacman)이라는 것이 있다. 원처럼 생긴 팩맨이 미로 속에서 괴물을 피하며 먹이를 먹는 게임이다. 이 게임에 등장하는 팩맨을 4개 붙여놓으면 가운데 하얀 정사각형이 나타난다.

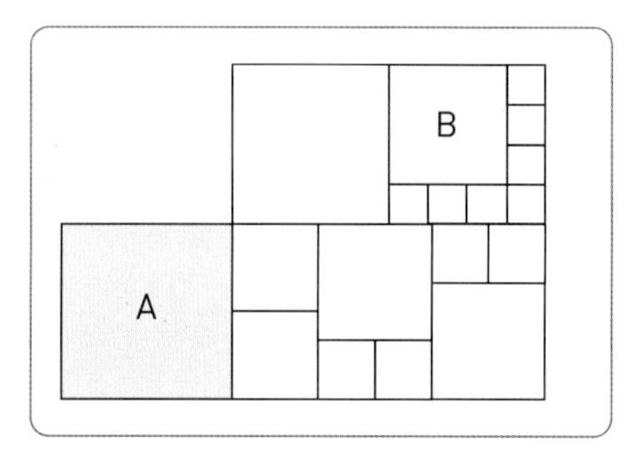

다음은 수학능력시험에 출제되었던 착시 문제이다. 정사각형 A의 한 변의 길이와 B의 한 변의 길이의 비는 얼마일까? 얼핏 보기에 정사각형 A의 한 변의 길이와 B의 한 변의 길이의 비는 4 : 3일 것 같은데, 잘 계산해보면 길이의 비는 16 : 11임을 알 수 있다.

눈은 우리가 가지고 있는 감각 중에서 가장 속이기 쉬운 감각기관이다. '백문(百聞)이 불여일견(不如一見)' 이라는 말이 있지만, 보는 것이 전부가 아닌 셈이다.

조선시대의 수학책, 『산학계몽』

우리나라는 전통적으로 수학을 전문적으로 다루는 관리인 산사(算士)를 두고 그들이 다루는 수학책을 법으로 정하였다. 신라시대에는 『구장(九章)』『육장(六章)』『철술(綴術)』『삼개(三開)』 등의 책이 있었고, 고려시대에는 『구장』『육장』『철술』『사가(謝家)』 등이 있었으며, 조선시대에는 『산학계몽(算學啓蒙)』『양휘산법(楊輝算法)』『상명산법(詳明算法)』 등이 있었다. 이런 책들은 중국의 『구장산술(九章算術)』을 모체로 발전되어온 것으로 수학책을 '산경(算經)'이라고 불렀으며, 수학의 형식은 다분히 암기 위주였다.

신라, 백제, 고구려에서는 조세나 무역, 토목공사 등을 다루기 위한 계산이 필요했는데, 이런 실용수학은 『구장산술』만으로도 충분했다. 따라서 이 책을 당시의 현실에 맞게 편집한 수학책들이 사용되었고, 신라가 삼국을 통일한 후 체계적인 수학교육이 실시되었다. 신라의 경우 15세 이상 30세까지의 학생을 대상으로 9년 동안 교육을 실시했다.

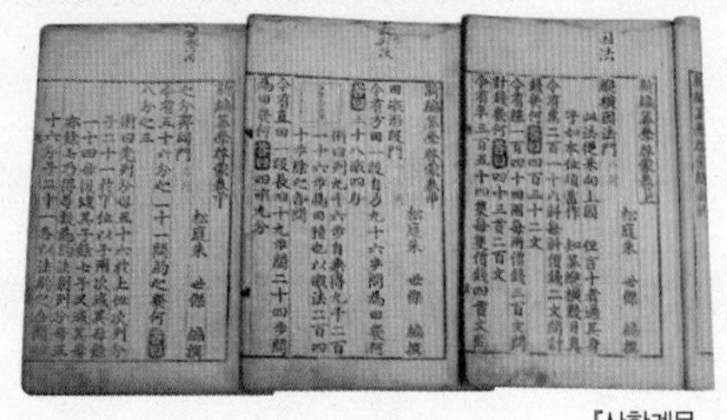
『산학계몽』

고려시대의 수학은 통일신라의 수학을 계승한 것으로 건국 초기의 고려 국학은 성종11년(992)에 국자감으로 재정비되었다가 인종(1123~1146)대에 교육제도가 완전한 틀을 갖추었다. 당시 고려의 산학 교육과정의 내용이 무엇이었는지를 구체적으로 밝힌 문헌은 없지만, 산학의 과거인 명산과의 시험이 이틀에 걸쳐 실시되었는데, 첫 날은 『구장산술』, 둘째 날은 『철술』『삼개』『사가』 중에서 출제되었다는 기록이 남아 있다. 고려시대 기술 관료인 산학자들은 이해하기 어려운 『철술』을 익힌 최고의 수학자들이었지만 업무 내용은 극히 초보적이었다. 따라서 수학의 발전을 기대하기는 힘들었고, 신라 이후의 산학을 이어받아 간직했을 뿐이었다. 하지만 『산학계몽』『양휘산법』『상명산법』 등의 산술서를 펴냄으로써 조선시대에 산학이 발전할 수 있는 기틀을 마련했다.

이광연의 수학 블로그

펴낸날 초판 1쇄 2008년 6월 20일
초판 13쇄 2018년 6월 22일

지은이 이광연
펴낸이 심만수
펴낸곳 (주)살림출판사
출판등록 1989년 11월 1일 제9-210호

주소 경기도 파주시 광인사길 30
전화 031-955-1350 팩스 031-624-1356
홈페이지 http://www.sallimbooks.com
이메일 book@sallimbooks.com

ISBN 978-89-522-0927-6 03410
살림Friends는 (주)살림출판사의 청소년 브랜드입니다.

※ 값은 뒤표지에 있습니다.
※ 잘못 만들어진 책은 구입하신 서점에서 바꾸어 드립니다.